Distribution automation practical training materials

配电自动化实训教材

主　编　覃兰平

副主编　李　强　杨秀朝　李黄强

中国电力出版社
CHINA ELECTRIC POWER PRESS

图书在版编目（CIP）数据

配电自动化实训教材 / 覃兰平主编. —北京：中国电力出版社，2024.5
ISBN 978-7-5198-8845-9

Ⅰ．①配… Ⅱ．①覃… Ⅲ．①配电系统–自动化技术–教材 Ⅳ．①TM727

中国国家版本馆 CIP 数据核字（2024）第 081062 号

出版发行：中国电力出版社
地　　址：北京市东城区北京站西街 19 号（邮政编码 100005）
网　　址：http://www.cepp.sgcc.com.cn
责任编辑：罗　艳（010-63412315）
责任校对：黄　蓓　李　楠
装帧设计：张俊霞
责任印制：石　雷

印　　刷：三河市航远印刷有限公司
版　　次：2024 年 5 月第一版
印　　次：2024 年 5 月北京第一次印刷
开　　本：710 毫米×1000 毫米　16 开本
印　　张：9.25
字　　数：133 千字
印　　数：0001—1500 册
定　　价：60.00 元

《配电自动化实训教材》
编 委 会

主　编　覃兰平

副主编　李　强　　杨秀朝　　李黄强

参　编　彭　燕　　熊麒麟　　龙　兵　　左常进

　　　　戢成臣　　孙　鹏　　席祖刚　　邓海峰

　　　　陈　军　　张晓成　　邹　彦　　陈劲松

　　　　匡一雷　　赵　旭　　周　澜　　赵欣玥

　　　　胡哲豪　　张志强　　向　笛　　谢卓然

　　　　吕奥博

前　言

　　配电自动化是提高供电可靠性和供电质量、提升供电能力、实现配电网高效经济运行的重要手段，也是实现智能电网的重要基础之一。我国从 20世纪 90 年代中期开始开展配电自动化的试点建设，现在已由探索和试点阶段走向实用阶段。随着配电网改造和配电自动化系统建设工作的大规模开展，需要培养大量高级专门人才，为配电自动化实用化应用提供支持，本书以配电自动化应用为出发点，完成配电自动化主站基本操作、终端运维调试等专业内容的编制。

　　本书共七章，在简要介绍配电自动化的概念、构成、功能及发展等的基础上，首先对配电网及一次设备、配电网数据通信、配电自动化终端等做了简要阐述，并对配电自动化主站系统的操作流程和功能实现进行了简介，最后介绍了配电自动化实操教学背景与实际应用。本书撰写按照理论与实践相结合的思路，列举了配电自动化终端设备调试过程中相关缺陷处理实例，通过配电自动化实操教学指导来提升自动化专业人员核心业务水平。由于编写人员水平有限，书本难免有错误不足之处，敬请广大读者批评指正。

编　者

2024 年 1 月

目　　录

前言

第一章 概　　述

1.1　配电自动化概念

配电网是作为电力系统的末端直接与用户相连、起分配电能作用的网络，包括 0.4～110kV 各电压等级的电网。目前，配电自动化系统建设主要针对中压配电网（一般指 10kV 或 20kV 电压等级的电网）。由中国电机工程学会城市供电专业委员会起草的 Q/GDW 11184—2014《配电网自动化规划设计技术导则》对配电自动化作了定义：配电自动化是利用现代计算机技术、自动控制技术、数据通信、数据存储、信息管理技术，将配电网的实时运行、电网结构、设备、用户以及地理图形等信息进行集成，构成完整的自动化系统，实现配电网运行监控及管理的自动化、信息化。其目的是提高供电可靠性，改善供电质量和服务质量，优化电网操作，提高供电企业的经济效益和企业管理水平，使供电企业和用户双方受益，体现企业的社会责任和社会效益。

1.2　配电自动化系统的构成及功能

1.2.1　配电自动化系统的构成

一个典型的配电自动化系统组成结构[4]如图 1-1 所示。配电主站通过基于 IEC 61968（所有部分）《供电企业应用集成配电管理的系统接口》（Application integration at electric utilities-System interfaces for distribution

1

management）的信息交换总线或综合数据平台与上级调度自动化系统、专变及公变监测系统、居民用电信息采集系统等实时/准实时系统实现快速信息交换和共享；与配电网气体绝缘封闭组合电器（gas insulated switchgear，GIS）、生产管理、营销管理、企业资源计划（enterprise resource planning，ERP）等管理系统接口，扩展配电管理方面的功能，并具有配电网的高级应用软件。

配电主站是整个配电自动化系统的监控、管理中心，主要实现配电网数据采集与监控等基本功能和分析应用等扩展功能，为调度运行、生产运维及故障抢修指挥服务。配电子站是为分布主站功能、优化信息传输及系统结构层次、方便通信系统组网而设置的中间层，实现所管辖范围内的信息汇集与处理、故障处理、通信监视等功能。配电自动化终端是安装在配电网的各类远方监测、控制单元的总称，完成数据采集、控制、通信等功能，简称配电终端，主要包括配电开关监控终端（feeder terminal unit，FTU），配电变压器监测终端（transformer terminal unit，TTU），开关站、公用及用户配电站监控终端（distribution terminal unit，DTU）等。其中 FTU 和 DTU 统称为馈线监控终端。

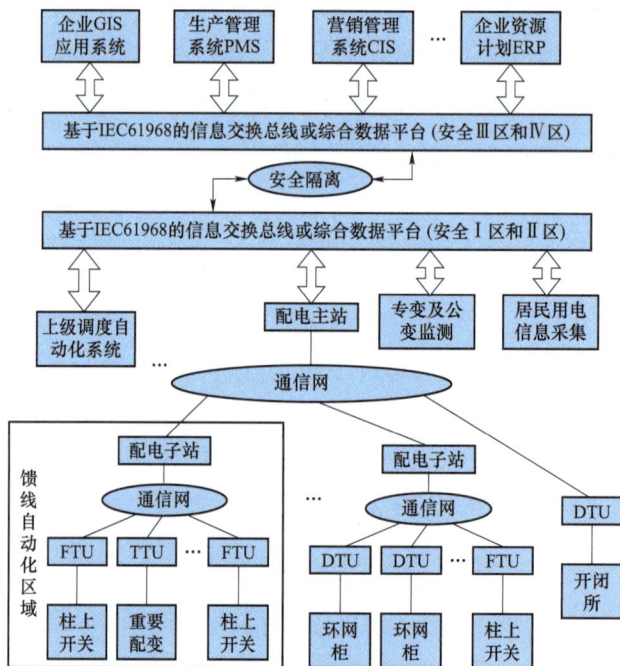

图1-1 配电自动化系统组成结构

通信网络实现配电自动化系统与其他系统、配电主站与配电子站、配电主站或配电子站与配电终端之间的双向数据通信。

1.2.2　配电自动化系统的功能

配电自动化系统有 3 个基本功能：安全监视功能、控制功能、保护功能。

（1）安全监视功能是指通过采集配电网上的状态量（如开关位置、保护动作情况等）、模拟量（如电压、电流、功率等）和电能量，对配电网的运行状态进行监视。

（2）控制功能是指在需要的时候，远方控制开关的合闸或分闸以及电容器的投入或切除，以达到补偿无功功率、均衡负荷、提高电压质量的目的。

（3）保护功能是指检测和判断故障区间，隔离故障区间，恢复非故障区间的供电。

也可将配电自动化系统的功能分为相对独立但又有联系的 5 个管理子过程，包含信息管理、可靠性管理、经济性管理、电压管理和负荷管理。

（1）信息管理：通过数据库使配电自动化系统与所采集的信息和控制的对象建立一一对应关系。

（2）可靠性管理：减少故障对配电网的影响。

（3）经济性管理：提高配电网的利用率和减少网损。

（4）电压管理：监测和管理配电网关键处的电压。

（5）负荷管理：对用户的负荷进行远方控制，通过实行阶梯电价或分时计费达到削峰填谷的目的。

第二章 配电网及一次设备

2.1 配 电 网 接 线

常用的配电网接线模式分为放射式接线和环式接线，如图 2-1 所示。

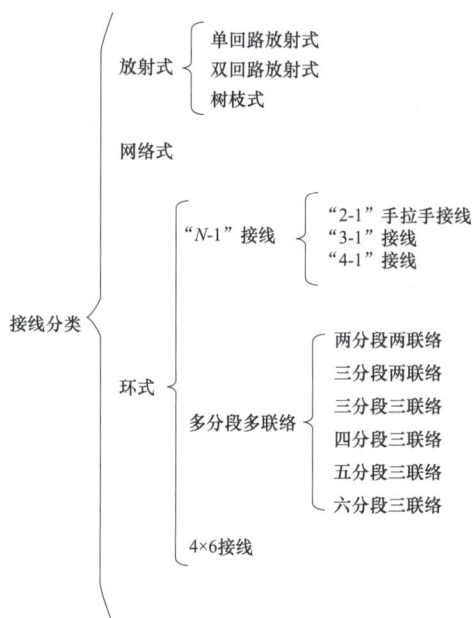

图 2-1 配电网接线分类

2.2 配 电 网 一 次 设 备

配电网一次设备是用来接收、输送和分配电能的电气设备，包括变压器、断路器、负荷开关、隔离开关、熔断器、电压互感器、电流互感器等。

配电自动化对一次设备的要求如下：

（1）需要实现遥信功能的开关设备，应至少具备一组辅助触点；需要实现遥测功能的一次设备，应至少具备电流互感器，二次电流额定值宜采用 1A 或 5A；需要实现遥控功能的开关设备，应具备电动操动机构。

（2）一次设备的建设与改造应考虑预留安装配电终端所需要的位置、空间、工作电源、端子及接口等。

（3）需要就地获取配电终端的供电电源时，应配置电压互感器或电流互感器，且容量满足配电终端运行和开关操作等需求。

（4）配电网站所内应配置配电终端用后备电源，保证在主电源失电的情况下能够维持配电终端运行一定时间和开关分合闸一次。

2.2.1 开关站

开关站是变电站 10kV 母线的延伸。它是由 10kV 开关柜、母线、控制和保护装置等电气设备及其辅助设施，按一定的接线方式组合而成的电力设施，通常为户内布置，但也有开关站采用户外型开关设备组装成户外箱式结构。

当负荷离变电站较远，采用直供方式需要比较长的线路时，可考虑在这些负荷附近建设一个开关站，然后由开关站出线来保证这些负荷的正常供电。开关站起到接受和重新分配 10kV 出线的作用，虽然使整个配电网的投资增加，但减少了高压变电站的 10kV 出线间隔和出线走廊，从而使发生故障的概率相对较低，可用作配电线路间的联络枢纽，还可为重要用户提供双电源，这在可靠性要求较高的地区如城市的繁华中心区较为常见。

常见的开关站接线方式有单母线接线、单母线分段接线和双母线接线 3 种。单母线接线方式如图 2-2（a）所示，一般为 1～2 路进线间隔，若干路出线间隔。单母线分段接线方式如图 2-2（b）所示，一般为 2～4 路进线间隔，若干路出线间隔，两段母线之间设有联络开关。双母线接线方式如图 2-2（c）所示，一般为 2～4 路进线间隔，若干路出线间隔，两段母线之间没有联系。

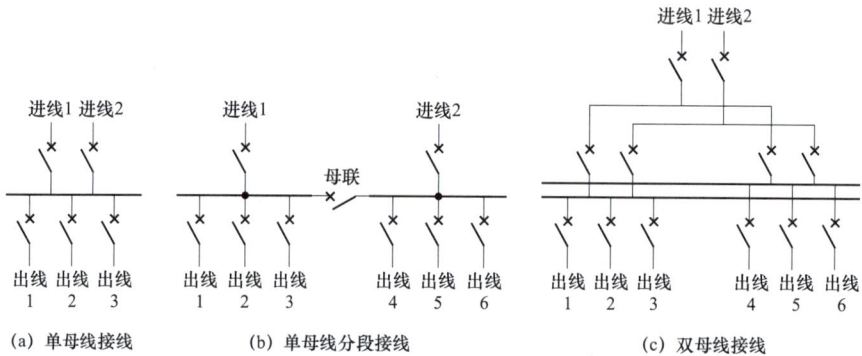

(a) 单母线接线　　　　　(b) 单母线分段接线　　　　　(c) 双母线接线

图 2-2　开关站常见接线方式

2.2.2　环网柜

早期建设的 10kV 配电线路多数是单回路放射式供电，一旦线路、设备或电源发生故障，容易导致全线停电，造成的损失和影响较大。如果在配电网的建设和改造中考虑建立环网供电、开环运行，如图 2-3 所示，一旦其中一侧电源有故障或进行检修工作，可通过合上联络开关继续对负荷进行供电；如果线路出现故障，通过环网柜中的进线开关也可以把停电范围大大缩小。环网柜是用于 10kV 电缆线路环进环出及分接负荷的配电装置，环网柜中用于环进环出的开关一般采用负荷开关，用于分接负荷的开关采用负荷开关或断路器。环网柜按结构可分为共箱型和间隔型，一般按每个间隔或每个开关称为一面环网柜。

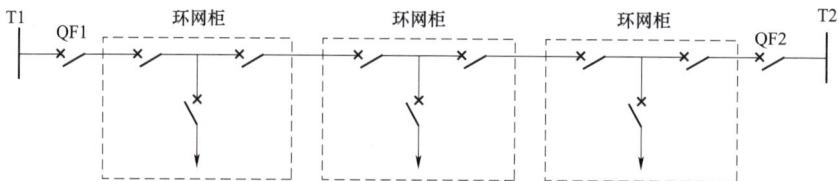

图 2-3　双侧电源环网供电图

环网柜的主要技术参数有额定电压、额定电流、额定短时耐受电流、额定峰值耐受电流等。

环网柜因其使用的负荷开关种类不同可分为产气式环网柜、压气式环网柜、真空环网柜、SF_6 环网柜等。其中，产气式环网柜、压气式环网柜因所采用的负荷开关可靠性低，现已基本淘汰；真空环网柜、SF_6环网柜因性能指标高、操作维护方便、运行可靠性高等优点已在配电网中得到广泛使用。

环网柜配电单元一般由 3 个间隔组成，包括两个进线间隔和若干出线间隔，如图 2-4 所示。进线间隔主要用于故障线路的隔离，以及通过调整电源方向来恢复正常供电；出线间隔则通过组合电器实现变压器故障快速切除。

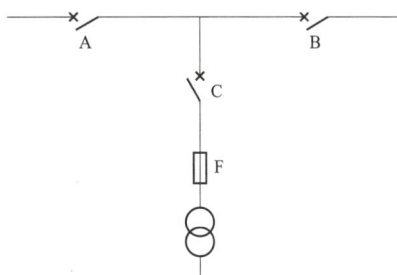

图 2-4　环网柜配电单元

2.2.3　预装式箱式变压器

箱式变压器，又叫箱式变压站、预装式变电站或预装式变电站。箱式变压器作为整套配电设备，其是由变压器、高压电压控制设备、低压电压控制设备有机组合而成。其基本原理在于，通过压力启动系统、铠装线、变电站全自动系统、直流点和相应的技术设备，按照规定顺序进行合理的装配，并将所有的组件安装到特定的防水、防尘与防鼠等完全密封的钢化箱体结构中，从而形成的一种特定变压器，如图 2-5 所示为预装式箱式变压器。

图 2-5　预装式箱式变压器

2.2.4　柱上断路器

柱上断路器是指在电杆上安装和操作的断路器。各种断路器的性能研究水平和制造技术都有了长足的发展，真空断路器不仅仅限于中压电网，而是朝着高电压、大容量方向发展，SF_6断路器有许多优点，如开断能力强、连续开断次数多、可频繁操作、操作噪声小、无火灾危险等，是一种很好的无油化设备。柱上断路器如图2-6所示。

图2-6　柱上断路器

2.2.5　柱上负荷开关

负荷开关在 10～35kV 配电网中得到广泛应用，它可作为独立的设备使用，也可与其他设备组合使用，如作为主要元件安装于环网柜等设备中。负荷开关可以进行手动或电动操作，也可以进行智能化控制，用于开断负荷电流、关合、承载额定短路电流，其使用寿命与其开关电流值和灭弧介质或方式有关。负荷开关主要有产气式负荷开关、压气式负荷开关、SF_6式负荷开关及真空式负荷开关等。

图2-7　真空式负荷开关

真空式负荷开关的灭弧装置采用真空灭弧室，如图2-7所示。当开关分闸时，位于真空灭弧室内的主开关触头分开，电弧在真空介质中自行熄灭。开关没有明显断开点，但开关分、合状态可由机械联动装置准确指示。真空式负荷开关灭弧速度快，最大开断电流大，结构相对简单。由于截流效应，真空式负荷开关操作时容易引起截流重燃过电压，尤其是开断5%额定有功负荷的小电流。同时，需要定期检测真空管的真空度，以保证开关的性能和安全。

2.2.6　柱上隔离开关

隔离开关无灭弧能力，不允许带负荷拉闸或合闸，但其断开时可以形成可见的明显开断点和安全距离，保证停电检修工作人员的人身安全。因此，它主要安装在高压配电线路的出线杆、联络点、分段处，以及不同单位维护的线路的分界点处。

一般柱上隔离开关的结构由导电部分、绝缘部分、底座部分组成，如图 2-8 所示。

2.2.7　柱上熔断器

熔断器依靠熔体或熔丝的特性，在电路出现短路电流或不被允许的大电流时，由电流流过熔体或熔丝产生的热量将熔体或熔丝熔断，使电路开断，以达到保护电气设备的目的。

熔断器按使用场合分为户内式与户外式。户外跌落式，一般为非限流式，如图 2-9 所示。由于跌落式熔断器是应用喷逐式灭弧原理，在开断大电流时，产气多，气吹灭弧效果好，但在开断小电流时，有可能出现不能灭弧现象。因此，选用喷逐式熔断器时要注意下限开断电流。

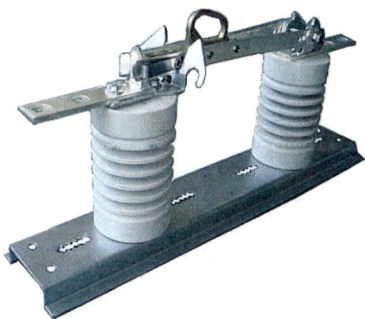

图 2-8　柱上隔离开关　　　　图 2-9　户外跌落式熔断器

9

第三章　配电自动化网络通信

3.1　有　线　通　信

3.1.1　光纤通信

光纤通信是配电终端与配电主站通信的主要方式，为配电自动化提供了实时、可靠的数据通信通道。

各种电信号对光波进行调制后，通过光纤进行传输的通信方式称为光纤通信。一般通信电缆最高使用频率为 9～24MHz，而光纤工作频率能达到100～1000GHz，比目前半导体芯片的极限开关速度要高几十倍。

配电自动化中的光纤通信首先应用于电业局调度大楼到 110kV 及以下变电站、配电子站的数据通信，继而广泛地用于 FTU、DTU 到配电子站或配电主站的数据通信，成为配电自动化系统数据通信的基础。目前应用于配电自动化系统的光纤通信技术主要有光纤同步数据体系（synchronous digital hierarchy，SDH）、光纤以太网、RS－232/RS－485 串行异步光纤环网和以太网无源光网络（ethernet passive optical network，EPON）。

主要的几种光纤通信方式：SDH 主干网络、光纤以太网、串行异步光纤环网、无源光纤网络。

3.1.2　电力载波

按电力线载波通信所采用的通信线的不同，其分为输电线载波通信、配电线载波通信和低压配电线载波通信三类。

电力线载波通信将信息调制在高频载波信号上，通过已建成的电力线进行传输。对于输电线载波通信，载波频率一般为 10～300kHz；对于配电线载波通信，载波频率一般为 5～40kHz；对于低压配电线载波通信，载波频率一般为 50～150kHz。对传输信息的调制可采用幅度调制、单边带调制、频率调制或频移键控（frequency shift keying，FSK）等方式。

配电线载波通信的设备有在主变电站安装的多路载波机、在线路各测控对象处安装的配电线载波机（称为从站设备）和高频通道。高频通道主要由高频阻波器、耦合电容器和结合滤波器组成。

3.2　无　线　通　信

通用分组无线业务（general packet radio service，GPRS）是在现有全球移动通信系统（global system of mobile communication，GSM）上发展出来的一种新的承载业务，目的是为 GSM 用户提供分组形式的数据业务。GPRS 可以看作是在原有 GSM 电路交换系统基础上进行的业务扩充，支持移动用户利用分组数据移动终端接入 Internet 或其他分组数据网络。因此，现有的基站子系统从一开始就可提供全面的 GPRS 覆盖。另外，GPRS 突破了 GSM 网只能提供电路交换的思维方式，通过增加相应的功能实体和对现有的 GSM 基站系统进行部分改造来实现分组交换，使用户数据传输速率得到很大提高，GPRS 的传输速率最高可达 171.2kbit/s。

GPRS 在配电自动化系统中的应用主要有以下两种模式：

（1）配电主站具备固定的 IP 地址。

（2）配电主站只有动态分配的 IP 地址。

一般情况下配电主站具备固定的 IP 地址。

3.3　规　　　约

IEC 主要规约见表 3－1。

表 3-1   IEC 主 要 规 约

IEC 规约	适用范围	通信方式
IEC-101	厂站与调度主站间通信	串行
IEC-102	电量主站与站内抄表终端通信	—
IEC-103	与站内继电保护设备间通信	串行
IEC-104	厂站与调度主站间通信	以太网

IEC-101 与 IEC-104 的比较如下：

（1）相同点。① 适用范围：厂站与主站之间；② 规约结构：应用层定义相同。

（2）不同点。① 通信方式：101 串行、104 以太网；② 服务类型；③ 101多采用非平衡传输、104 多采用平衡传输。

第四章 馈线自动化与保护逻辑

4.1 馈线自动化模式概述

　　馈线自动化是利用自动化装置或系统，监视配电网的运行状况，及时发现配电网故障，进行故障定位、隔离和恢复对非故障区域的供电。馈线自动化实现故障处理可采用集中型和就地型模式，应根据供电可靠性需求，结合配电网网架结构、一次设备现状、通信基础条件等情况，合理选择故障处理模式，并合理配置主站与终端。

　　馈线自动化的布点原则需要论证配电线路分段点的合理性，以及与联络开关配合的协调性，可采用配电线路"一线一案"分析工具，优化配电线路分段点设置，确定配电终端最佳安装位置。

4.1.1 集中型馈线自动化概述

　　借助通信手段，通过配电终端和配电主站的配合，在发生故障时依靠配电主站判断故障区域，并通过自动遥控或人工方式隔离故障区域，恢复非故障区域供电。集中型馈线自动化包括半自动和全自动两种方式。集中型馈线自动化功能应与就地型馈线自动化、就地继电保护等协调配合。

4.1.2 就地型馈线自动化概述

　　不依赖配电主站控制，在配电网发生故障时，通过配电终端相互通信、保护配合或时序配合，隔离故障区域，恢复非故障区域供电，并上报处理过程及结果。就地型馈线自动化包括分布式馈线自动化、不依赖通信的重合器方式、光纤纵差保护等。

1. 重合器式馈线自动化

重合器式馈线自动化的实现不依赖于主站和通信，动作可靠、处理迅速，能适应较为恶劣的环境。电压时间型是最为常见的就地重合器式馈线自动化模式，根据不同的应用需求，在电压时间型的基础上增加了电流辅助判据，形成了电压电流时间型和自适应综合型等派生模式。

（1）电压时间型。电压时间型馈线自动化是通过开关"无压分闸、来电延时合闸"的工作特性配合变电站出线开关二次合闸来实现，一次合闸隔离故障区间，二次合闸恢复非故障段供电。

（2）电压电流时间型。典型的电压电流时间型馈线自动化的是通过检测开关的失压次数、故障电流流过次数、结合重合闸实现故障区间的判定和隔离；通常配置三次重合闸，一次重合闸用于躲避瞬时性故障，线路分段开关不动作，二次重合闸隔离故障，三次重合闸恢复故障点电源侧非故障段供电。

（3）自适应综合型。自适应综合型馈线自动化是通过"无压分闸、来电延时合闸"方式，结合短路/接地故障检测技术与故障路径优先处理控制策略，配合变电站出线开关二次合闸，实现多分支多联络配电网架的故障定位与隔离自适应，一次合闸隔离故障区间，二次合闸恢复非故障段供电。

2. 分布式馈线自动化

智能分布式馈线自动化是近年来提出和应用的新型馈线自动化，其实现方式对通信的稳定性和时延有很高的要求，但智能分布式馈线自动化不依赖主站、动作可靠、处理迅速。分布式馈线自动化通过配电终端之间相互通信实现馈线的故障定位、隔离和非故障区域自动恢复供电的功能，并将处理过程及结果上报配电自动化主站。分布式馈线自动化可分为速动型分布式馈线自动化和缓动型分布式馈线自动化。

（1）速动型分布式馈线自动化。应用于配电线路分段开关、联络开关为断路器的线路上，配电终端通过高速通信网络，与同一供电环路内相邻分布式配电终端实现信息交互，当配电线路上发生故障，在变电站出口断路器保护动作前，实现快速故障定位、故障隔离和非故障区域的恢复供电。

（2）缓动型分布式馈线自动化。应用于配电线路分段开关、联络开关为负荷开关或断路器的线路上。配电终端与同一供电环路内相邻配电终端实现信息交互，当配电线路上发生故障，在变电站出口断路器保护动作后，实现故障定位、故障隔离和非故障区域的恢复供电。

4.2　配电网继电保护

配电网继电保护与自动化技术是配电系统的基础支撑技术，也是建设智能化主动配电网的关键技术，对供电质量、配电网运行效率以及接纳分布式电源的能力有着根本性的影响。

从减少配电网故障停电时间的角度来说，加强配电设备的运行与检修管理、减少故障发生率是第一道防线；继电保护是第二道防线，在防止事故扩大、保证电网运行安全的同时，可以尽量减少故障停电范围；而配电自动化是第三道防线，在故障切除后，对继电保护的无选择性动作进行纠正性操作，实现配电网故障的定位、隔离以及非故障区段的恢复供电，进一步减少故障停电范围。

相对于配电自动化，继电保护基于就地测量信息动作，具有不依赖于通信通道、动作速度快、可靠性高、投资少的优点，应是优先考虑的减少故障停电时间的技术措施。因此，在建设智能配电网的过程中，应将配电网继电保护与自动化作为一个完整的系统对待，在完善配电网保护配置与整定的基础上，建设配电自动化系统，从而优化配电网二次系统的功能配置与结构，使供电可靠性改进效果以及投资收益达到最大化。

1. 三级级差保护应用

（1）相间短路故障处理。

1）故障点位于主干线或未安装断路器的分支线。故障发生后，变电站出口断路器跳闸，线路通过集中型或电压型馈线自动化功能，实现故障处理。

2）故障点位于已安装断路器的分支线。故障发生后，站内开关不动作，分支断路器跳闸。对于瞬时性故障，跳闸后一次重合闸，恢复线路供电；对于永久性故障，跳闸后重合于故障点，经后加速闭锁，隔离故障区域。

3）故障点位于客户设备。故障发生后，安装于客户 T 节点的分界开关跳闸或跌落式熔断器熔断动作，直接隔离客户故障。站内开关及分支断路器不动作，不影响线路正常供电。

（2）接地故障处理。

1）故障点位于主干线或未安装断路器的分支线。故障发生后，站内小电流选线装置动作，选定单相接地故障线路。线路暂态型故障录波指示器动作，判断主干线接地区间。由调度根据选线结果，进行故障隔离处理。

2）故障点位于已安装断路器的分支线。故障发生后，断路器判断故障位置，可发出告警信息，调度部门根据小电流选线装置选线结果及分支断路器告警信息，缩小故障区间，进行故障隔离处理。也可实现单相接地故障，分支线直接跳闸功能。

3）故障点位于客户设备。安装有用户分界负荷开关或分界断路器的客户内部接地故障，故障发生后，由开关直接跳闸，切除客户接地故障。仅安装跌落式熔断器的，由站内小电流选线装置、录波型故障指示器、分支断路器进行单相故障处理。

2. 用户分界稳态零序保护应用

（1）变电站有级差——配置断路器保护。

1）单相接地故障直接切除接地故障。

2）相间短路故障时直接切除故障。

3）重合闸与后加速：经过重合闸延时，断路器看门狗重合，若瞬时性故障，则恢复供电；若是永久性故障，断路器看门狗后加速保护跳闸。

（2）变电站无级差——分界看门狗型。接地故障，看门狗需经过延时判断，若延时完毕故障仍存在，看门狗分闸。

特点分析：

1）自动切除用户单相接地故障。

2）自动隔离/切除用户相间短路故障。

3）故障信息自动上报，快速定位故障点。

4）能够明显提升供电可靠性。

第五章 配电自动化终端简介

5.1 馈线终端（FTU）

安装在配电网架空线路杆塔等处的配电终端，按照功能分为三遥（遥测、遥信和遥控）终端和二遥（遥测和遥信）终端，其中二遥终端又可分为基本型终端、标准型终端和动作型终端。FTU设备实物图如图5-1所示。

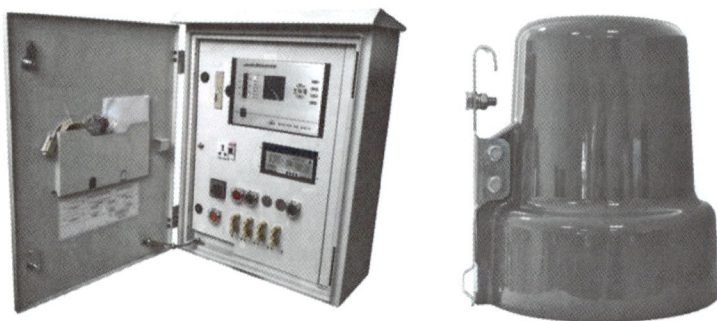

图5-1 FTU设备实物图

5.2 站所终端（DTU）

安装在配电网开关站、配电室、环网柜、箱式变电站等处的配电终端，依照功能分为三遥终端和二遥终端，其中二遥终端又可分为标准型终端和动作型终端。DTU设备实物图如图5-2所示。

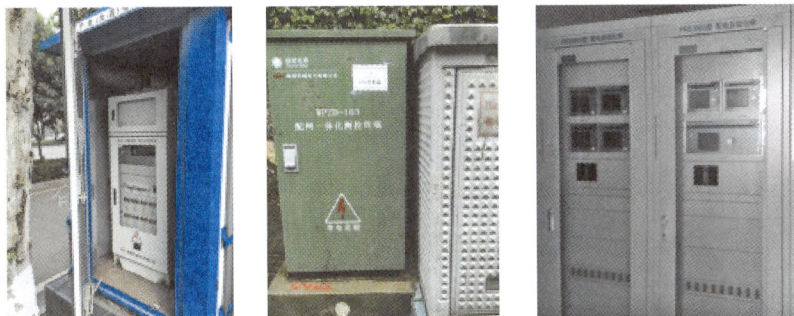

图 5-2　DTU 设备实物图

5.3　智能融合终端（TTU）

安装在配电变压器低压出线处，用于监测配电变压器各种运行参数的配电终端。智能融合终端设备实物图如图 5-3 所示。

图 5-3　TTU 设备实物图

5.4　故障指示器

由于故障指示器的方便性、有效性和较高的性价比，在配电自动化系统中得到了广泛应用。美国每年大概有 20 万只故障指示器应用到配电网中。德国柏林已经将其作为配电网主要的故障自动化检测工具。早在 2005 年，我国已约有 20 万只故障指示器投运。随着应用的普及，故障指示器根据获取电源方式、应用场合、卡线结构、指示方式等方面的不同，分成多种类型，而且逐渐增加了其他一些功能，如故障录波等。

故障指示器的一般安装位置如下：

（1）变电站出线，用于判断故障在站内或站外；

（2）长线路分段，指示故障所在的区段；

（3）高压用户入口，用于判断用户故障；

（4）安装于电缆与架空线路连接处，指示故障是否在电缆段；

（5）环网柜或电缆分支箱的进出线，判断故障区段和故障馈出线。

第六章　配电自动化主站系统

配电自动化主站系统主要由计算机硬件、操作系统、支撑平台软件和配电网应用软件等组成。其中，支撑平台包括系统数据总线和平台等多项基本服务；配电网应用软件包括配电 SCADA 等基本功能以及配电网分析应用、智能化应用等扩展功能，支持通过信息交互总线实现与其他相关系统的信息交互。

6.1　主站系统的硬件

经典配电主站硬件从逻辑上由前置子系统、后台子系统、Web 子系统及工作站组成，设备类型分为服务器、工作站、网络设备和采集设备。

前置子系统（front end system，FES）由数据采集服务器、前置网络组成，是配电主站系统中实时数据输入、输出的中心，主要承担配电主站与所辖配电网各站点（配电站点、相关变电站、分布式电源）之间，与上下级调控中心自动化系统之间的实时通信任务，还包括完成与自身配电主站后台系统之间的通信任务。

后台子系统是配电主站系统中数据处理、承载应用、人机交互的中心，主要承担配电主站系统基础平台、基础功能、扩展功能应用，完成调度员、运维人员进行人机交互功能，完成与其他系统交互功能。

后台子系统与前置子系统配合，完成遥信、遥测量的处理、越限判断、计算、历史数据存储和打印等电网的实时监控功能，实现馈线自动化及应用分析功能。同时，后台子系统将系统数据向订阅的各个应用及人机界面推送实时数据，支持应用分析功能运行。

6.2 主站系统的软件

配电主站的应用软件功能主要包括运行监控应用和运行状态管控应用。配电网运行监控（D-SCADA）是架构在配电主站系统基础平台上的配电网调度最核心的具体应用。配电网 SCADA 是配电主站系统最基本的应用，实现完整的、高性能的、实时的数据采集和监控功能。主要包含的功能模块有数据采集与处理、远方控制与调节、馈线自动化、配电网设备操作和全息历史/事故反演等。配电网运行状态管控应用包括配电接地故障分析、运行趋势分析、配电终端智能化维护管理功能分析、供电能力分析和线损计算支撑功能等。

6.3 信息发布与共享

配电主站遵循 IEC 61970《能量管理系统应用程序接口（EMS-API）》、IEC 61968 等国际标准，具有良好的开放性，在系统设计时就考虑到第三方系统、应用模块接口的要求。主站信息发布与共享功能支持配电网实时运行状态、历史数据、统计分析结果、故障分析结果等信息发布功能。

配电主站严格遵循国家发展改革委 2014 年第 14 号令《电力监控系统安全防护规定》，满足《电力监控系统安全防护总体方案》（国能安全〔2015〕36 号）等规定。

主站提供的共享方式有多种，既包括符合规范的标准接入方式（基于 IEC 61970/IEC 61968 的组件接口方式、基于 IEC 61970/IEC 61968 的 CIM/XML接口方式），又包括非标准接入方式（基于数据库的接口方式、基于文件的接口方式、基于专用通信协议的接口方式及基于信息交换总线的接口方式）。

第七章 配电自动化实操教学指导

7.1 教 学 背 景

本章对配电自动化的实操进行教学指导是为了增强员工对配电自动化系统的应用能力，通过线上联调使自动化终端设备调试标准化和流程化，从而提升配电自动化专业人员核心业务水平。

7.2 终 端 联 调

7.2.1 调试软件使用方法介绍

本教材中所使用终端和主站均为同一厂家。

1. 工程调试步骤

（1）常规功能调试步骤见表 7-1。

表 7-1 常 规 功 能 调 试 步 骤

步骤序号	步骤内容	备注
1	用网线将笔记本电脑与装置 CPU 板 NET2 网口连接	仅 NET2 网口具备查找 IP 地址功能
2	打开 WPZD-163 维护软件	打开的维护软件如图 7-1 所示
3	查找装置 IP 地址：单击维护软件"系统"中"快速维护引导"，进入"维护操作引导"界面，然后单击"查找"按钮，如果查找到装置，会在界面显示出来	装置会自动查 IP 地址，也可以手动单击"查找"按钮查找。相关界面如图 7-2 所示

续表

步骤序号	步骤内容	备注
4	读取装置配置：选择对应终端，单击"下一步"即自动完成装置配置读取	如果计算机与终端不是同一个网段，则会出现对话框，将计算机IP地址改成与终端同一个网段IP地址，可进行装置配置读取
5	参数、点表配置：单击"下一步"，进入参数、点表维护界面，选择模板文件的路径，然后选择要维护的参数、点表类别，单击"下一步"即可自动完成维护	模板文件一般由产品部提供，其制作方法可参考后续内容。特别提示：因为配置点表装置会重启，建议先完成参数配置，然后再重复"快速维护引导"再进行点表配置
6	装置特有参数设置：模板文件一般是通用信息，对于工程现场装置特有的参数比如装置地址、网络IP地址等信息需要单独设置。其步骤是进入相关的参数类别，右键选择"查询"读取参数，然后修改参数值，修改完成后单击"下发"设置参数	特别提示： 1）对于定值设置，需要经过"下发""固化"两个步骤，其他类别参数只需要"下发"步骤。 2）参数是一个类别一次全部下载，需要先读取参数再修改下发
7	三遥功能调试：按照点表完成本地或者与主站传动对点功能调试	—

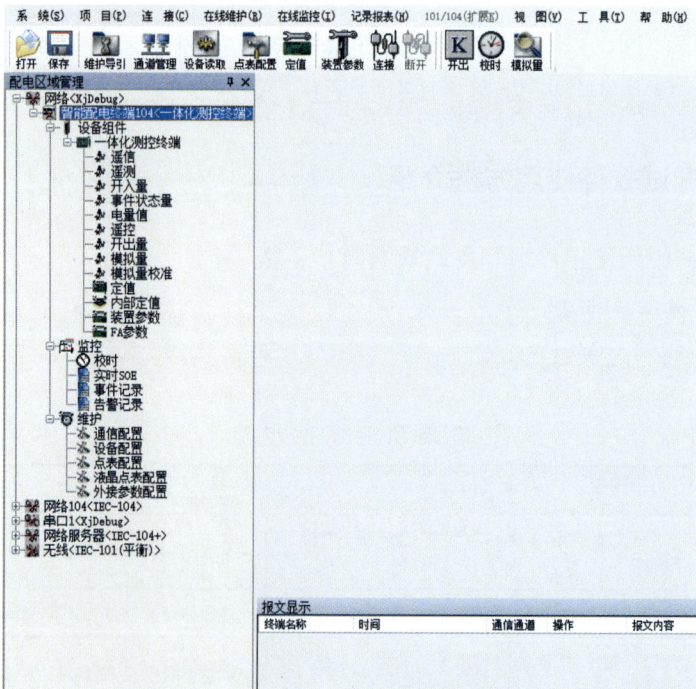

图7-1 WPZD-163维护软件界面

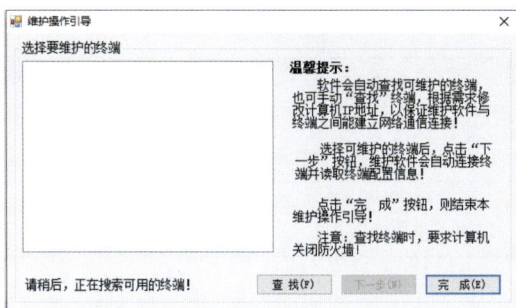

图7-2　维护操作引导界面

（2）外接设备调试步骤见表7-2。

表7-2　　　　　　　　　　外 接 设 备 调 试 步 骤

步骤序号	步骤内容	备注
1	与常规功能调试步骤一致	
2	外设参数设置：单击"维护"→"外设参数配置"进入外设参数配置界面，然后选择"导入""下载"操作即完成外设参数配置	外设参数配置界面如图7-3所示，也可以手工完成参数的修改然后下载到装置
3	外设通信规约设置：进入"装置参数"界面，查看"串口x通信协议"值是否已正确设置，如不正确，修改值并下载到装置	串口x通信协议值定义如下。3：对下平衡式101规约；4：对下非平衡式101规约；5：对下ModBus规约
4	外设通信串口参数设置：根据外设串口参数完成本项配置，串口默认配置为波特率9600，偶校验	使用默认值即可，一般不需要设置此类参数

图7-3　外设参数配置界面

1）点表配置步骤见表7-3。

表 7-3 　　　　　　　　　　　点 表 配 置 步 骤

步骤序号	步骤内容	备注
1	进入点表配置界面：单击维护软件"网络<XjDebug>"→"维护"→"点表配置"进入点表配置界面	点表配置界面如图 7-4 所示
2	点表配置：按照工程点表完成"遥信表""遥测表""遥控表""电量表"的配置，然后单击"下载"完成点表配置	

注　点表配置完成后装置会自动重启。

图 7-4　点表配置界面

2）配置说明如下。

a. 遥信点表见表 7-4，配置界面如图 7-5 所示。

表 7-4 　　　　　　　　　　遥 信 点 表

序号	名称	默认值	设置说明
1	信息地址	从 0x0001 开始	信息地址可以修改，默认修改方式是：如果修改某个遥信，后面的遥信信息地址顺序递增，如无特殊要求，一般设置成默认值即可
2	遥信名称	默认值取装置内部名称	可以修改并保存，名称最大长度 16 个汉字（32 个字节）
3	上送模式	事件记录上送 COS 和 SOE	可配置成不上送事件记录、只上送 COS 或者 SOE，如无特殊要求，一般设置成默认值即可
4	属性	单点信息	上送类型单双点设置，可单击"属性"对所有配置遥信进行单、双点切换，如无特殊要求，一般设置成默认值即可
5	遥信取反	不取反	对上送的遥信状态进行取反操作，如无特殊要求，一般设置成默认值即可

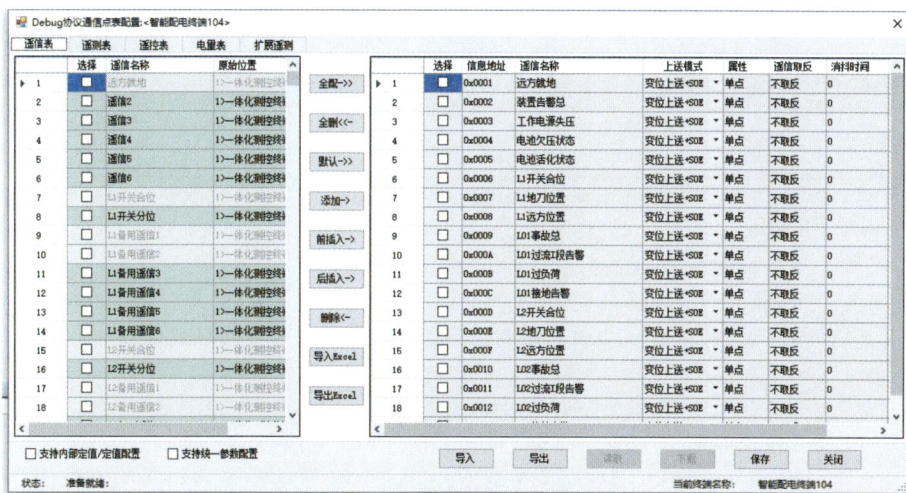

图 7-5　遥信点表配置界面

b. 遥测点表见表 7-5，配置界面如图 7-6 所示。

表 7-5　　　　　　　　　　　　　遥　测　点　表

序号	名称	默认值	设置说明
1	信息地址	从 0x4001 开始	信息地址可以修改，默认修改方式是：如果修改某个遥测，后面的遥测信息地址顺序递增，如无特殊要求，一般设置成默认值即可
2	遥测名称	默认值取装置内部名称	可以修改并保存，名称最大长度 16 个汉字（32 个字节）
3	上送模式	主动上送	变化遥测可以配置成主动上送或者不上送，如无特殊要求，一般设置成默认值即可
4	上送类型	9	101、104 规约遥测数据类型设置，可设置成 9、11、13、21，如无特殊要求，一般设置成默认值即可
5	转换系数	—	101、104 规约遥测数据＝遥测原始数据×转换系数，遥测原始数据为浮点类型
6	输出 max	—	101、104 规约遥测数据最大值
7	死区值（%）	—	101、104 遥测门限值＝输出 max×死区值／100
8	定点数据	不记录	可配置成记录或者不记录，如无特殊要求，一般设置成默认值即可
9	极值数据	不记录	可配置成记录或者不记录，如无特殊要求，一般设置成默认值即可

序号	名称	默认值	设置说明
10	数据符号	功率默认为有符号数，其他默认为无符号数	对于智能电源模块遥测，电池温度和电池充放电流要配置成有符号数

注　1. 遥测点表中外设点号的转换系数默认为 1，输出 max 为 0，死区值为 1，如无特殊需求请不要随意修改；

2. 遥测值超过输出 max 值后，上送值的无效位会置起；

3. 若上送类型为浮点数时，转换系数须为 1；

4. 若需要上传的数据为一次值，则需调整转换系数。例如，电流一次 TA 变比 600/5，需上送类型 9 带品质描述词的归一化值，默认上传二次值时转换系数为 1000，二次值 1A 时上送值为 $1000 = 0 \times 3 \times 10^8$（系数 1000，精确到小数点后 3 位），上送一次值时转换系数需要乘上 TA 变比为 10 成 600/5=1200（系数 10，精确到小数点后 2 位，为避免 $2I_n$ 内测量值满量程需降低采样精度），二次值 1A 时对应一次值 120A 上送值为 1200＝0×4B0。若上送类型为 13 浮点数时，默认转换系数为 1，若需一次值只需乘上对应变比即可，如上例对应的浮点类型转换系数就为 600/5＝120。

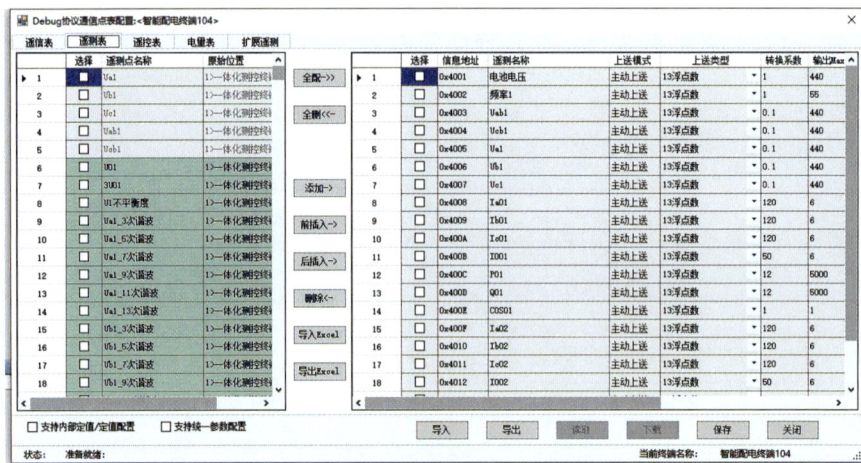

图 7-6　遥测点表配置界面

c. 遥控点表见表 7-6，配置界面如图 7-7 所示。

表 7-6　　　　　　　　　　遥　控　点　表

序号	名称	默认值	设置说明
1	信息地址	从 0x6001 开始	信息地址可以修改，默认修改方式是：如果修改某个遥控地址，后面的遥控地址地址顺序递增，如无特殊要求，一般设置成默认值即可
2	遥控名称	默认值取装置内部名称	可以修改并保存，名称最大长度 16 个汉字（32 个字节）

续表

序号	名称	默认值	设置说明
3	合开出编号/ 分开出编号	从 1 开始	1）DO1 模块遥控 1 到遥控 6 合、分开出编号从 1 顺序递增到 12； 2）DO2 模块遥控 7 到遥控 12 合、分编号从 17 到 28； 3）此参数为谨慎配置参数，未经允许不得修改
4	合操作时间（ms）	200	合闸继电器触点闭合保持时间，如无特殊要求，一般设置成默认值即可
5	合操作时间（ms）	200	分闸继电器触点闭合保持时间，如无特殊要求，一般设置成默认值即可
6	超时事件（s）	30	101、104 遥控选择超时事件，如无特殊要求，一般设置成默认值即可
7	遥控取反	不取反	可配置成取反或者不取反，如无特殊要求，一般设置成默认值即可
8	带选择	带选择	遥控模式配置，目前只支持带选择模式
9	遥信关联	不关联	遥控成功是否根据开关合位遥信判断，如无特殊要求，一般设置成默认值即可
10	遥信编号	0	遥控成功根据开关合位遥信判断关联遥信号，本遥信号为原始遥信号

注 若需变更遥控顺序，不要改变原表排列顺序，更改遥控信息地址即可。

图 7-7 遥控点表配置界面

（3）模板生成。对装置完成参数、点表等信息配置后，可以生成工程模板，方便同一配置其他终端调试，提高调试效率。其生成步骤如下：

1）在"网络<XjDebug>下"，选中"智能配电终端→一体化测控终端"，点右键然后再选择"导出点表、参数模板"，如图 7-8 所示。

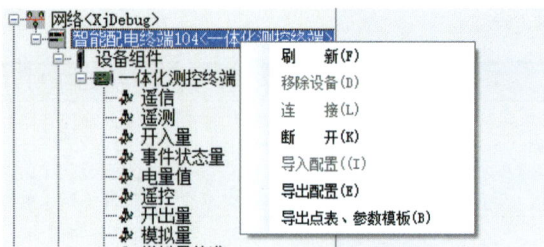

图 7-8 点表、参数模板界面

2）然后选择保存的路径和文件名，单点"保存"按钮，生成.Mxj 格式的模板文件。

（4）报文监视。装置具备 101、104 报文监视功能。101、104 报文监视功能使用 Telnet 实现，下面以使用 SecureCRT 工具来说明报文监视功能的使用，其他工具使用方法类似。

1）配置步骤见表 7-7。

表 7-7   配 置 步 骤

步骤序号	步骤内容	备注
1	单击 "Connect" → "New Session"，Protocol 选择 "Telnet"，然后单击 "下一步"；在出现的界面填入 Hostname 名称（装置 IP 地址），端口号填入 5678，然后单击 "下一步"，进入下一个界面，单击完成即可	Telnet 配置及连接界面如图 7-9 所示
2	在出现的界面上单击 "Connect" 即可与装置连接，出现监视界面	—
3	在出现的界面上输入相关的命令即可实现报文监视	—

(a)   (b)

图 7-9 Telnet 配置及连接界面（一）

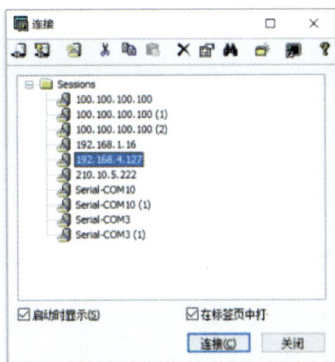

(c)

图 7-9 Telnet 配置及连接界面（二）

2）报文监视命令见表 7-8。

表 7-8 报 文 监 视 命 令

监视类型	命令及说明	备注
串口 101	"wcomm＋【空格】＋串口号"，打开本串口监视功能	串口号值从 1 到 6，比如命令"wcomm1"即可打开串口 1 报文监视
	"qcomm＋【空格】＋串口号"，关闭本串口监视功能	串口号值从 1 到 6，"qcomm1"即可关闭串口 1 报文监视
网络 104	"netport"，查看已连接的 104 链接情况	—
	"wnet＋【空格】＋序号"，打开本网络监视功能	序号值为 1 或者 2，比如命令"wnet1"即可打开第 1 个网络 104 链接的报文监视。注意：不是网口 1 的报文
	"qnet＋【空格】＋序号"，关闭本网络监视功能	序号值为 1 或者 2，比如命令"qnet1"即可关闭第 1 个网络 104 报文监视
	"ping＋【空格】＋"ip 地址""，ping 命令	IP 地址为十进制格式，例如 ping "210.10.5.100"

3）TelNet 关闭：报文监视功能使用完成后，除了输入相关关闭命令外，还需手工关闭 TelNet 连接，否则会导致无法再次连接的情况出现，如出现无法连接情况，需要重启装置才能使用此功能。

单击"Disconnect"，然后选择"是"按钮关闭 TelNet 连接，如图 7-10 所示。

4）程序升级。装置可通过网络 XjDebug 对装置进行 CPU 板应用程序升级，其步骤为单击"网络 XjDebug"→"在线维护"→"程序升级"，进入程序升级界面，如图 7-11 所示。

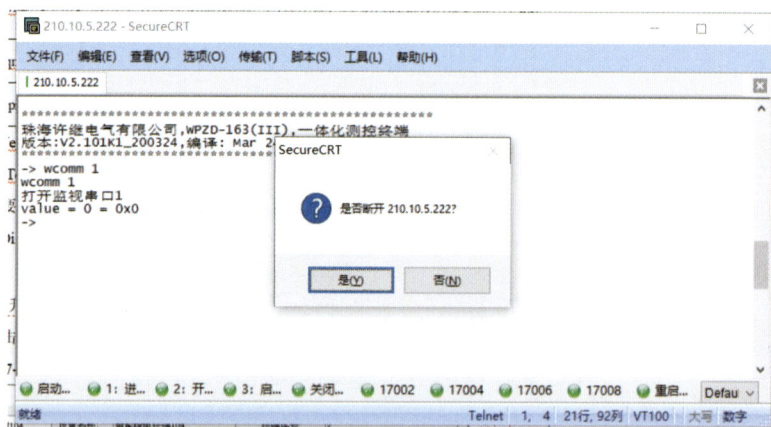

图 7-10　退出 TelNet 连接界面

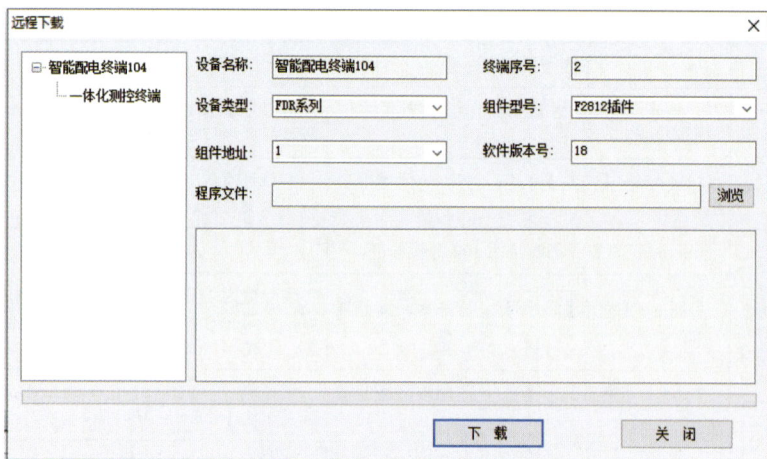

图 7-11　程序升级界面

　　单击"浏览"按钮选择升级程序目标码，"设备名称""终端序号""设备类型""组件号""组件地址""软件版本号"不需要修改，单击"下载"按钮即自动进行程序升级。升级过程中在显示窗口显示升级进度信息，整个升级过程大约为 1min，程序完成升级，装置自动重启，可重新连接查看程序版本号是否与升级目标码版本一致。

　　（5）校准功能。

　　1）手动校准。单击"网络 XjDebug"→"智能配电终端<一体化测控终

端>”→“设备组件”→“一体化测控终端”→“模拟量校准”进入模拟量校准界面，如图 7-12 所示，首先将继电保护测试仪 U_A、U_B、U_C 分别接终端采样电压端子 U_{A1}、U_{N1}、U_{C1}（如果为相电压，则接至 U_{A1}、U_{B1}、U_{C1}）；将 I_A、I_B、I_C、I_N 分别接终端采样电流端子 I_{a1}、I_{01}、I_{c1}。设置线电压 $U_A=U_B=U_C=127.02V$（相电压 $U_A=U_B=U_C=220V$）、电流 $I_A=I_B=I_C=5A$、$f=50Hz$；相位设置有 V_a 为 0°、V_b 为 -120°、V_c 为 120°；I_a 为 -30°、I_b 为 -150°、I_c 为 90°。

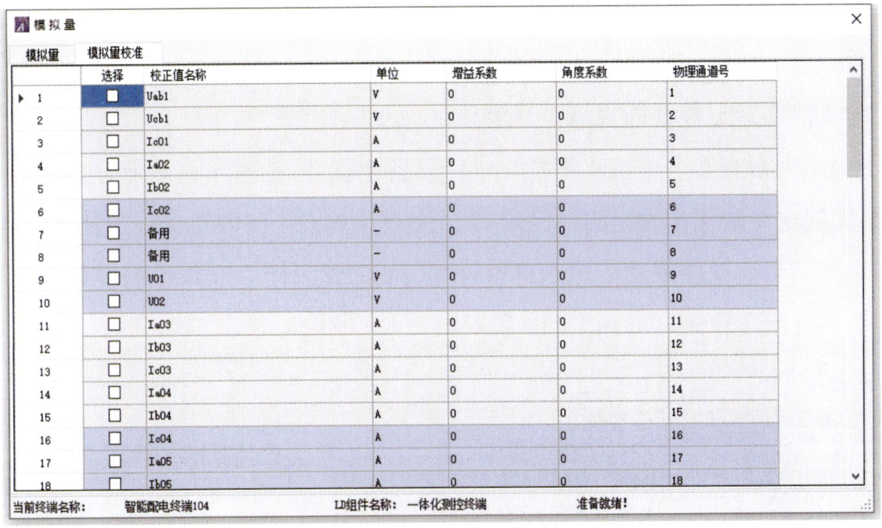

	选择	校正值名称	单位	增益系数	角度系数	物理通道号
1	☐	Uab1	V	0	0	1
2	☐	Ucb1	V	0	0	2
3	☐	Ic01	A	0	0	3
4	☐	Ia02	A	0	0	4
5	☐	Ib02	A	0	0	5
6	☐	Ic02	A	0	0	6
7	☐	备用	-	0	0	7
8	☐	备用	-	0	0	8
9	☐	U01	V	0	0	9
10	☐	U02	V	0	0	10
11	☐	Ia03	A	0	0	11
12	☐	Ib03	A	0	0	12
13	☐	Ic03	A	0	0	13
14	☐	Ia04	A	0	0	14
15	☐	Ib04	A	0	0	15
16	☐	Ic04	A	0	0	16
17	☐	Ia05	A	0	0	17
18	☐	Ib05	A	0	0	18

图 7-12　模拟量校准界面

查看调试软件读取的遥测值，查看各回路交流采集是否满足精度 0.5%的要求，功率满足 1%的要求。如不满足，需计算增益系数，填入调试软件对应通道的“增益系数”里，单击右键“设置通道增益系数”下发给终端保存。

2）自动校准。将继电保护测试仪的接线按上一节“手动校准”方式接线，电流回路可通过串接方式（即 $I_{a1}\to I'_{a1}\to I_{a2}\to I'_{a2}$，…，$I_b$ 和 I_c 回路类似）实现所有回路同时测试，检查接线和配置无误后上电加量，按下 CPU 面板处复归按钮，持续 5s，然后释放。

通过维护软件读取 CPU 插件通道系数，查看所校准回路增益系数是否有微小改动（对于功率校准，则增益系数和角度系数同时有微小改动），如该系数有改动且终端此时测试回路交流采集满足精度 0.5%的要求，功率满足 1%的要求，则说明自动校准成功，否则不成功。

3）直流校准。在"内部定值配置"中将"直流测量功能投退"置"1"，将直流 1 通道连接直流源，在 4～20mA 的输入范围内任意选取两个测量点，在"实时数据"→"遥测"→"直流 1 测量值"分别记录对应的测量值，将两组数据输入"直流校准公式"表格计算出"K"值和"B"值，分别输入"内部定值配置"中"直流 1 标准 K 值"和"直流 1 标准 B 值"并下发终端保存，查看"实时数据"→"遥测"→"直流 1 测量值"是否为直流源输出值，若误差超过 0.5%，需按以上步骤重新校准。

直流 2 通道校准同直流 1 通道。

4）版本查看。单击"维护"→"设备配置"，选中左侧最上方目录选项"智能配电终端（一体化测控终端）"选项框，单击"读取"，待左侧选项框对勾去掉后表示读取成功，这时再单击左侧第二级目录"一体化测控终端"可查看软件版本信息，如图 7-13 所示。

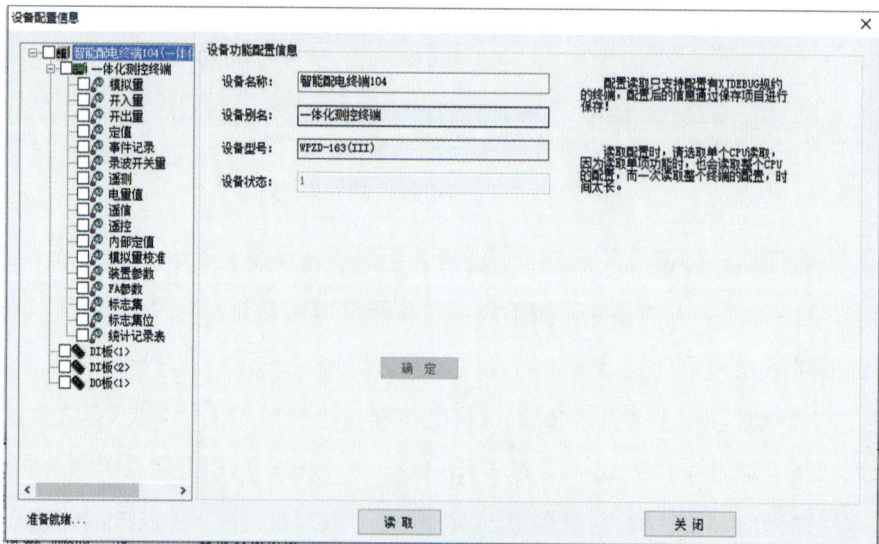

图 7-13　软件版本读取界面

（6）规约调试。

1）配置信息的导入。通过 XjDebug 读取设备配置后，在使用 101 或 104

连接前，需要导入设备配置。通过左侧目录窗"网络 104<IEC-104>"→"智能配电终端 104<一体化测控终端>"，右键选中"导入配置"，在弹出页面中选择"从其他终端导入"，通过"选择终端"下拉条选择"智能配电终端<一体化测控终端>"，单击"导入"，页面提示操作成功后，则成功导入设备配置到 104 连接。

101 连接的设备配置同 104 连接配置导入。

2）遥信配置。在"维护"→"通信配置"中，通过"通信通道"下拉菜单选择对应连接通道的通信参数。

在"网络 104"通道下设置"通信地址""IP 地址""端口号"。

在"串口 1"通道下设置"通信地址"。

3）数据监控。在"监控"目录下可实现终端的三遥功能和电量、实时 SOE 显示及对终端的校时。

（7）遥控加密。遥控加密功能需要在 101、104 连接中使用。

首先需要确保遥控加密功能开启，在 XjDebug→"装置参数"→"遥控加密功能投退"置"1"。

在 101 或 104 连接中，在调试软件上方"在线监控"→"加密"选中，此后在其下方"密钥管理"打开，第一次使用加密功能时需导入公钥，单击"导入公钥"，在弹出文件夹中选中"pub_key"文件，单击"预置公钥"，提示成功后再导入 ID，单击"导入 ID"，在弹出文件 夹中选中"ID.bin"文件，单击"预置 ID"，提示成功后整个预置过程结束。

如不确定终端是否保存有公钥，单击"检查公钥"即可，提示检查成功则表示终端已预置过，提示失败只需按上述流程重新预置公钥和 ID 即可。

在使用加密遥控时，在 101 或 104 的"遥控"中将右上角"遥控加密"勾选，调试软件将下发加密遥控报文，否则只发送遥控报文。

2. 常见问题处理方法

常见问题处理方法见表 7-9。

表7-9 常见问题处理方法

型号	现象	原因分析	处理方法
1	合上交流电源空气开关，装置电源板不运行	输入电压异常	检查所加电源与终端铭牌的交流电源是否一致
		直流电源正负极接反	正确连接直流电源正负极
		熔丝管损坏	更换熔丝管
2	电压、电流测量不正确	电压、电流接线不正确	按配线图正确调整电压、电流接线
		电压、电流校准系数异常	校验电压、电流的修正系数
		交流采样插件未插紧	重新插紧交流采样插件
3	功率测量不正确	检查电压、电流同名端的连接及相序是否正确	按配线图正确调整接线
4	CPU 板件 RUN 灯不亮	CPU 板件虚插	插紧 CPU 板件
		程序烧写错误或未烧程序	重新烧写程序
		电源短路	检查电源回路并更换电源模块
5	CPU 板件 ERR1 灯常亮	定值异常	重新下载定值，如果重新下载定值无法解决问题，请尝试使用下发默认值和固化默认值解决
6	CPU 板件 ERR2 灯亮	查看"内部定值异常"告警是否发生	如发生，重新下载内部定值，如果仍无法解决问题，请尝试使用下发默认值解决
		查看"装置参数异常"告警是否发生	如发生，重新下载装置参数，如果仍无法解决问题，请尝试使用下发默认值解决
		查看"FA 参数异常"告警是否发生	如发生，重新下载 FA 参数，如果仍无法解决问题，请尝试使用下发默认值解决
		查看"DIO 配置错误"告警是否发生	如发生，请确认内部定值中的"通用开入模块数量"和"通用开出模块数量"与实际板件数量一致，如不一致修改并重启装置，如仍不能解决问题，排查 DI、DO 板是否异常
		查看"点表错误"告警是否发生	重新下载点表
		查看"FA 通信失败"告警是否发生	如发生，查看网络是否正确连接，FA 相邻装置 IP 地址是否正常，如果是 EPON 设备，查看是否已经打开装置间通信功能
		查看"智能电源通信异常"告警是否发生	如发生，则查看装置参数"串口 5 通信协议"值是否为 6；注：如果装置配置非智能电源模块，则不需要设置本参数值
		查看"无线模块通信异常"告警是否发生	如发生，查看无线模块是否与装置正常通信，确认无线模块是否支持通信状态监测功能

型号	现象	原因分析	处理方法
7	DI/DO 板件 ERR 灯亮	检查 DI/DO 插件内拨码开关是否损害或者 ID 设置错误	核实拨码开关良好，请按插件 ID 设置提示和终端实际插件配置重新设置 ID
8	网络通信异常	电脑 IP 地址与装置 IP 地址不在同一网段	将电脑 IP 地址改成与装置 IP 地址同一网段
		维护软件配置连接 IP 地址与装置不一致	利用"快速维护引导"查找装置 IP 地址
		装置地址与维护软件地址不一致	利用 104 报文监视功能查看通信报文
		查看"IEC104 链路关闭"操作记录，属性 1 返回值： 1）K 帧未确认超时； 2）测试帧未确认超时； 3）T0 超时； 4）有未关闭的连接； 5）连接已满； 6）接收到以太网错误信息； 7）接收序列号错误； 8）非法主站 IP 地址	
9	串口通信异常	通信接线不正确	调整通信配线
		通信参数配置不正确	查看相应的通信协议类型、规约控制字、串口模式控制字、串口参数控制字是否设置正确
		装置地址与维护软件地址不一致	利用 101 报文监视功能查看通信报文
10	POW 板件指示灯灭	电源模块接触不良	插紧 POW 插件
		电源模块损坏	更换电源模块
11	遥控不成功	查看"遥控命令否定"告警记录，告警记录返回值： 1：错误的起始符； 2：帧长度错误； 3：结束符错误； 4：地址错误； 5：校验错误 6：时间戳错误； 7：验签错误； 8：加密错误； 9：功能码错误； 10：遥控配置错误； 11：遥控通信通道错误； 12：遥控序列错误； 13：遥控远方信号错误； 14：遥控软压板错误； 15：系统严重故障； 16：负荷开关遮断电流； 17：遥控开出回路错误； 18：遥控开出板配置错误； 19：远方控制压板错误； 20：电池活化失压、欠压； 21：分合位不匹配	4：查看装置地址是否与主站地址一致； 6：查看装置时间是否与主站一致，如相差较大，则需要重新对时； 7：检查公钥是否正确； 8：检查公钥是否正确； 10：检查遥控点表是否正确； 13：检查"远方/就地"是否处于远方位置，同时检查"远方就地"通信状态是否为"有"状态； 14：检查"允许遥控软压板"通信状态是否为"有"状态；如果不是，则用遥控"遥控软压板"合闸命令投入； 15：检查是否定值异常； 16：检查线路"遮断电流定值"是否设置合理

续表

型号	现象	原因分析	处理方法
12	遥控来源	1：IEC104； 2：IEC101； 3：串口 xjdebug； 4：xjdebug； 5：面板就地按键； 6：保护跳闸	1：网络 104 遥控； 2：串口 101 遥控

7.2.2　站所终端仓库联调

配电自动化设备接入主站，需要将设备与主站进行联调测试。为降低配电自动化设备现场联调测试工作量，设备需经过仓库调试后现场安装，确保设备无缺陷投运。配电自动化设备经仓库调试后，进行现场安装，经验收无误、接火送电后即可投入使用，仓库联调可以按照本作业指导书进行测试。

1. 现场准备情况核查

（1）工器具准备。工器具准备如图 7-14 所示，工器具包括继保仪一台，电流线、电压线各两组，插线板一个，一字起、十字起、尖嘴钳、剥线钳、短接线若干组，绝缘胶带，万用表一块，鳄鱼夹、针型插头若干个，低压验电笔一支，笔记本电脑一台，网线（或串口线）若干米。

图 7-14　站所终端仓库联调工器具准备

（2）现场安全措施。

1）在工作地点装设围栏，并向外悬挂"止步，高压危险"标示牌，进出口悬挂"从此进出"标示牌。

2）接触金属配电自动化设备（柜）箱体前，应先检查箱体设备接地是否良好，并用低压验电笔验明箱确无电压后，方可接触。打开配电自动化设备（柜）门前，应检查箱（柜）及门鼻完好，防止砸伤。

3）工器具应做好绝缘包扎处理。

（3）工器具检查及调试准备。继保仪接地并开机自检、万用表欧姆挡自检，检查终端外观、结构正常，电源和开关之间接线正常，二次接线正常，调试人员与模拟主站人员确认相关配置已完成。检查终端铭牌上参数与开关匹配，记录终端厂家、型号、出厂日期，出厂编号、链路地址、设备 ID 等台账信息。工器具检查及调试准备如图 7-15 所示。

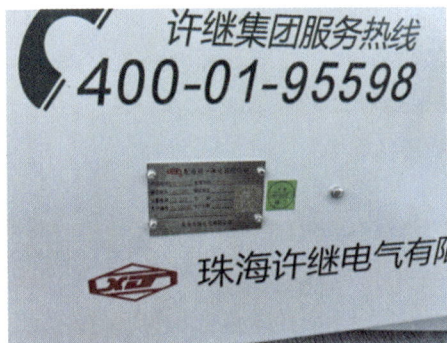

(a) 终端铭牌

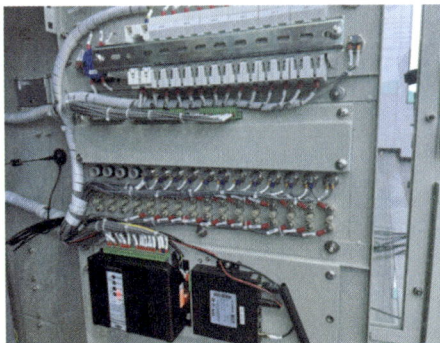

(b) 二次接线

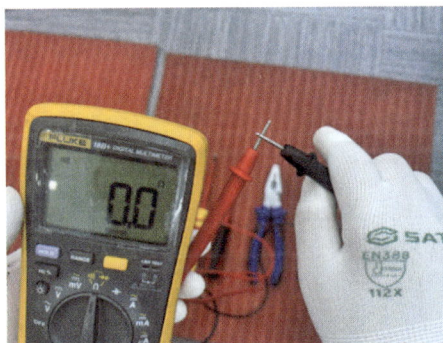

(c) 万用表检查

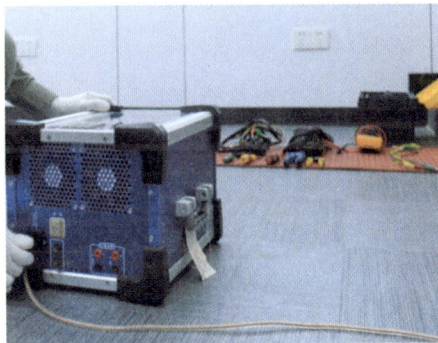

(d) 继保仪开机自检

图 7-15　工器具检查及调试准备

2. 检查电源

检查电源如图 7-16 所示，检查交流电源电压正常、绝缘正常后合上空气开关，检查后备电源电压正常、极性正确、绝缘正常后合上空气开关，检查装置电源、操作电源、通信电源电压正常、极性正确、绝缘正常后合上空气开关，待运行灯亮后，可以用调试软件对其进行调试。

图 7-16 检查电源

3. 使用调试软件对设备参数进行配置

（1）修改电脑 IP，修改软件通道参数，连接软件；

（2）读取设备信息（包括装置参数、定值和内部定值等），系统校时；

（3）配置点表与正式点表一致，下载点表并将点表导入至 104；

（4）进行保护定值整定；

（5）导入加密密钥。

4. 通信状态检查

无线通信设备需安装 SIM 卡，光纤通信设备需接入 ONU。终端上电 5min 后与主站联系，查询终端是否上线。

5. 遥信功能检查

（1）检查设备初始状态包括远方就地把手、开关位置、接地开关位置、分合闸出口连接片、面板指示灯等，检查遥信初始位置是否与模拟主站一致。开关及模拟主站开关遥信初始位置如图 7-17 和图 7-18 所示。

（2）遥信变位检查，通过对 DTU 远方就地把手［见图 7-19（a）］、开关位置［见图 7-19（b）］、接地开关位置［见图 7-19（c）］，按照停电和送电的操作顺序切换操作，检查分合闸指示灯是否与开关位置一致，确认模拟主站点位分合变化是否与现场一致，合上开关时检查弹簧未储能遥信有无变位。断开交流电源空气开关，检查交流失电遥信信号有无变位，如图 7-19（d）所示。按下电源模块电池活化 "ON" 按钮，电池显示灯由充电状态变成活化放电状态，检查电池活化遥信信号有无变位；按下电源模块电池活化"OFF"按钮，电池显示灯由活化放电状态变成充电状态，检查电池活化遥信信号有无变位，如图 7-19（e）和图 7-19（f）所示分别为电池活化和电池活化退出。检查终端指示灯是否正常，所有遥信变位与模拟主站进行核对，图 7-20 所示为模拟主站 SOE 记录。

图 7-17 开关初始位置

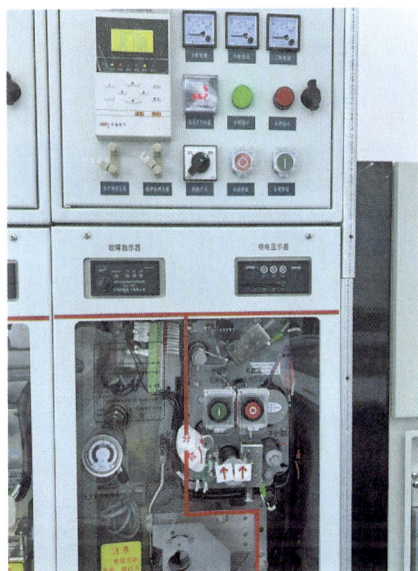

图 7-18 模拟主站开关遥信初始位置

序号	遥信名称	遥信状态
1	远方就地	有
2	装置告警总	无
3	工作电源失压	无
4	电池欠压状态	无
5	电池活化状态	无
6	L1开关合位	有
7	L1地刀位置	无
8	L1远方位置	无
9	L01事故总	无
10	L01过流I段告警	无
11	L01过负荷	无
12	L01接地告警	无
13	L2开关合位	有
14	L2地刀位置	无
15	L2远方位置	无
16	L02事故总	无
17	L02过流I段告警	无
18	L02过负荷	无
19	L02接地告警	无

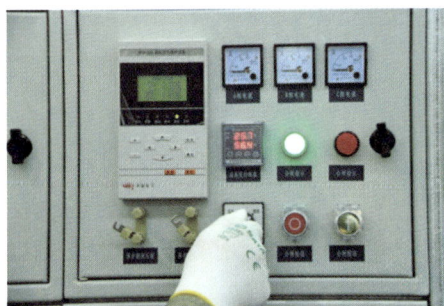

（a）远方就地把手

（b）开关位置

图 7-19 遥信变位检查（一）

(c) 地位位置

(d) 交流失电

(e) 电池活化

(f) 电池活化退出

图 7-19　遥信变位检查（二）

序号	设备名称	组件名称	数据名称	地址	事件状态	事件类型	时间	毫秒	校时
60	智能配电终端	Empty	电池活化状态	5	开	SOE	2023/9/22 10:11:24	21	已校时
61	智能配电终端	Empty	L02过流I段告警	17	合	SOE	2023/9/22 10:21:48	17	已校时
62	智能配电终端	Empty	L02事故总	16	合	SOE	2023/9/22 10:21:48	17	已校时
63	智能配电终端	Empty	L2开关合位	13	开	SOE	2023/9/22 10:21:48	17	已校时
64	智能配电终端	Empty	L2开关合位	13	合	SOE	2023/9/22 10:21:51	568	已校时
65	智能配电终端	Empty	L02过流I段告警	17	开	SOE	2023/9/22 10:22:46	595	已校时
66	智能配电终端	Empty	L02事故总	16	开	SOE	2023/9/22 10:22:47	867	已校时
67	智能配电终端	Empty	L1远方位置	8	开	SOE	2023/9/22 10:22:59	53	已校时
68	智能配电终端	Empty	L1开关合位	6	开	SOE	2023/9/22 10:23:03	447	已校时
69	智能配电终端	Empty	L1远方位置	8	合	SOE	2023/9/22 10:23:06	651	已校时
70	智能配电终端	Empty	L2远方位置	15	开	SOE	2023/9/22 10:23:08	895	已校时
71	智能配电终端	Empty	L2开关合位	13	开	SOE	2023/9/22 10:23:11	394	已校时
72	智能配电终端	Empty	L2远方位置	15	合	SOE	2023/9/22 10:23:13	388	已校时
73	智能配电终端	Empty	L02过流I段告警	17	合	SOE	2023/9/22 10:47:19	632	已校时
74	智能配电终端	Empty	L02事故总	16	合	SOE	2023/9/22 10:47:19	632	已校时
75	智能配电终端	Empty	L02过流I段告警	17	开	SOE	2023/9/22 10:50:25	650	已校时
76	智能配电终端	Empty	L02事故总	16	开	SOE	2023/9/22 10:50:26	767	已校时
77	智能配电终端	Empty	L02事故总	16	合	SOE	2023/9/22 10:51:14	509	已校时
78	智能配电终端	Empty	L02事故总	16	开	SOE	2023/9/22 10:56:21	332	已校时
79	智能配电终端	Empty	L2远方位置	15	开	SOE	2023/9/22 14:48:32	606	已校时

图 7-20　模拟主站 SOE 记录

6. 遥测功能检查

分别短接端子排 TA 一次侧相电流及零序电流端子，划开电流、电压端子连片（注意拨开后连片在不导通侧），再将继保仪电流、电压试验线与端子排二次端子连接。首先用继保仪对终端进行差异化加量，如图 7-21 所示。检查相序无误后用继保仪对终端加 20%、50%、100%二次额定电压和额定电流，检查模拟主站显示的一次、二次遥测值是否在 0.5%采样精度以内，施加 100%二次额定电流和额定电压时角度分别加 0°、30°、60°、90°，检查模拟主站显示的功率是否在 10%采样精度以内。终端侧遥测值如图 7-22～图 7-24 所示。

(a) 终端遥测值　　　　　　　　　　(b) 模拟主站遥测值

图 7-21　三相电流差异化加量时终端和模拟主站遥测值

(a) 50%额定电流　　　　　　　　　　(b) 50%额定电压

图 7-22　50%额定电流和 50%额定电压加量时终端侧遥测值

实时数据

通信　遥测　开入　电量　事件状态

序号	遥测名称	遥测值	单位
106	Ie02	2.5031	A
107	I002	0	A
108	3I02	0	A
109	Pa02	0	W
110	Pb02	0	W
111	Pc02	0	W
112	Qa02	0	Var
113	Qb02	0	Var
114	Qc02	0	Var
115	P02	376.3624	W
116	Q02	0	Var
117	S02	376.3712	VA
118	COS02	1	cosφ
119	I02不平衡度	0.0171	%
120	Ia02_3次谐波	0	%
121	Ia02_5次谐波	0	%
122	Ia02_7次谐波	0	%
123	Ia02_9次谐波	0	%
124	Ia02_11次谐波	0	%
125	Ia02_13次谐波	0	%

(a) 50%额定有功功率

实时数据

通信　遥测　开入　电量　事件状态

序号	遥测名称	遥测值	单位
106	Ie02	2.5031	A
107	I002	0	A
108	3I02	0	A
109	Pa02	0	W
110	Pb02	0	W
111	Pc02	0	W
112	Qa02	0	Var
113	Qb02	0	Var
114	Qc02	0	Var
115	P02	376.3624	W
116	Q02	0	Var
117	S02	376.3712	VA
118	COS02	1	cosφ
119	I02不平衡度	0.0171	%
120	Ia02_3次谐波	0	%
121	Ia02_5次谐波	0	%
122	Ia02_7次谐波	0	%
123	Ia02_9次谐波	0	%
124	Ia02_11次谐波	0	%
125	Ia02_13次谐波	0	%

(b) 50%额定无功功率

图 7-23　50%额定有功功率和 50%额定无功功率加量时终端侧遥测值

实时数据

通信　遥测　开入　电量　事件状态

序号	遥测名称	遥测值	单位
106	Ie02	5.0048	A
107	I002	0	A
108	3I02	0	A
109	Pa02	0	W
110	Pb02	0	W
111	Pc02	0	W
112	Qa02	0	Var
113	Qb02	0	Var
114	Qc02	0	Var
115	P02	715.7001	W
116	Q02	-275.7336	Var
117	S02	766.9782	VA
118	COS02	0.9331	cosφ
119	I02不平衡度	0.0496	%
120	Ia02_3次谐波	0	%
121	Ia02_5次谐波	0	%
122	Ia02_7次谐波	0	%
123	Ia02_9次谐波	0	%
124	Ia02_11次谐波	0	%
125	Ia02_13次谐波	0	%

(a) 100%额定有功功率

实时数据

通信　遥测　开入　电量　事件状态

序号	遥测名称	遥测值	单位
106	Ie02	5.0048	A
107	I002	0	A
108	3I02	0	A
109	Pa02	0	W
110	Pb02	0	W
111	Pc02	0	W
112	Qa02	0	Var
113	Qb02	0	Var
114	Qc02	0	Var
115	P02	715.7001	W
116	Q02	-275.7336	Var
117	S02	766.9782	VA
118	COS02	0.9331	cosφ
119	I02不平衡度	0.0496	%
120	Ia02_3次谐波	0	%
121	Ia02_5次谐波	0	%
122	Ia02_7次谐波	0	%
123	Ia02_9次谐波	0	%
124	Ia02_11次谐波	0	%
125	Ia02_13次谐波	0	%

(b) 100%额定无功功率

图 7-24　100%额定有功功率和 100%额定无功功率加量时终端侧遥测值

7. 遥控功能检查

遥控功能检查如图 7-25 所示,将开关柜和 DTU 把手切换到就地位置,投入分合闸出口连接片,使用调试软件下发合闸命令,开关合闸;使用调试软件下发分闸命令,开关分闸。

<table>
<tr><td>(a) DTU 远方就地把手位置</td><td>(b) 投入分合闸出口连接片</td></tr>
</table>

图 7-25　遥控功能检查

8. 保护功能检查

（1）过流保护动作。保护试验前应先用调试软件修改保护定值参数，且与保护定值单一致。投入过流告警功能、出口功能，将开关置于合位，投入分合闸出口连接片。查看设备终端过流Ⅰ段保护定值为 5A/0s，先将 A 相电流设为 4.75A，试验时间 0.1s，启动继保仪，主站与终端无过流Ⅰ段遥信信号，开关不动作；再将 A 相电流设为 5.25A，试验时间 0.1s，启动继保仪，主站与终端均显示过流Ⅰ段遥信信号，且开关动作，如图 7-26 和图 7-27 所示。其余两相按照上述方法依次进行。

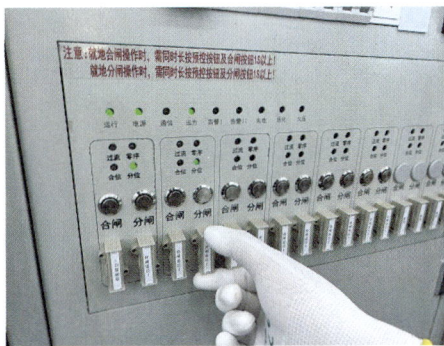

图 7-26　SOE 记录显示过流Ⅰ段告警和开关动作

（2）零序过流保护动作。投入零序过流告警和出口功能，查看设备终端零序过流保护定值为 2A/0.2s，先将零序端子的电流线设为 1.9A，试验时间 0.3s，启动继保仪，主站与终端无零序过流遥信信号，开关不动作；再将零序端子的电流线设为 1.1A，试验时间 0.3s，启动继保仪，主站与终端均显示零序过流遥信信号，且开关动作，如图 7-28 所示。

45

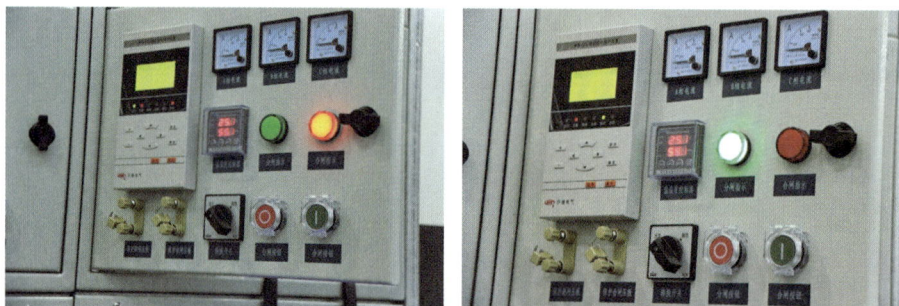

(a) 开关跳闸前   (b) 开关跳闸后

图 7-27 设备开关跳闸动作

图 7-28 SOE 记录显示事故总和开关动作

（3）小电流接地保护动作。投入小电流接地告警和出口功能，小电流接地出口方向设为 1。查看设备终端小电流接地保护定值为 1V/0.005A/2s，先将零序端子的电压、电流线设为 1.95V/0.1A，电流超前电压 90°，试验时间 2.1s，启动继保仪，主站与终端无小电流接地遥信信号，开关不动作；再将零序端子的电压线设为 1.05V，试验时间 2.1s，启动继保仪，主站与终端均显示小电流接地遥信信号，且开关动作，如图 7-29 所示。

图 7-29 SOE 显示接地告警和开关动作

7.2.3　馈线终端与主站联调

FTU 仓库调试主要内容为外观及工艺检查、绝缘性能检查、遥测精度测试、遥信功能测试、遥控功能测试、保护功能测试、FA 逻辑测试等。FTU 调试过程中，需对设备下装正式投运点表，以降低联调测试工作量。

1. 现场准备情况核查

（1）工器具准备。工器具准备包括继保仪一台，电流线、电压线各两组，插线板一个，一字起、十字起、尖嘴钳、剥线钳、短接线若干组，绝缘胶带，万用表一块，鳄鱼夹、针型插头若干个，低压验电笔一支，笔记本电脑一台，网线（或串口线）若干米。工器具检查如图 7-30 所示。

图 7-30　馈线终端与主站联调工器具检查

（2）现场安全措施。

1）在工作地点装设围栏，并向外悬挂"止步，高压危险"标示牌，进出口悬挂"从此进出"标示牌。

2）接触金属配电自动化设备（柜）箱体前，应先检查箱体设备接地是否良好，并用低压验电笔验明箱体确无电压后，方可接触。打开配电自动化设备（柜）门前，应检查箱（柜）及门鼻完好，防止砸伤。

3）工器具应做好绝缘包扎处理。

（3）工器具检查及调试准备。继保仪开机自检、万用表欧姆挡自检，检查终端外观、结构正常，电源和开关之间接线正常，二次接线正常，调试人员与主站确认相关配置已完成。检查终端铭牌上参数与开关匹配，如图 7-31 所示，记录终端厂家、型号、出厂日期，出厂编号，链路地址、设备 ID 等台账信息。

2. 检查蓄电池电源

通常对 FTU 进行仓库联调时采用蓄电池供电方式。首先检查连接蓄电池的航插是否插好，将电源投入，待运行灯亮后，可以用调试软件对其进行调试，如图 7-32 所示。

图 7-31　检查终端铭牌信息

图 7-32　蓄电池航插的检查

3. 使用调试软件对设备参数进行配置

（1）系统校时；

（2）读取设备信息（包括装置参数、定值和内部定值）并进行参数及保护定值修改；

（3）点表配置与正式点表一致；

（4）导入加密密钥。

4. 通信状态检查

无线通信设备需安装 SIM 卡，光纤通信设备需接入 ONU。终端上电 5 分钟后与主站联系，查询终端是否上线。

5. 遥信功能检查

（1）检查设备初始状态包括远方就地把手、开关位置、分合闸出口连接片、面板指示灯等，如图 7-33 所示，检查遥信初始位置是否与模拟主站一致。

<table>
<tr><td>(a) FTU 开关位置</td><td>(b) FTU 远方就地把手、分合闸出口连接片</td></tr>
</table>

图 7-33 开关遥信初始位置

（2）实遥信变位检查，通过对 FTU 远方就地把手、开关位置切换操作，检查分合闸指示灯是否与开关位置一致，确认模拟主站点位分合变化是否与现场一致。

（3）虚遥信变位检查，根据终端点表遥信点位，查看终端接线图纸找到遥信点位中虚遥信硬节点的所在位置，利用针型插头与短接线相连短接装置中的硬节点，实现遥信变位，模拟弹簧未储能、交流失电等信号，检查终端指示灯是否正常，与模拟主站的遥信位置进行核对。图 7-34 所示为设备遥信 SOE 信息。

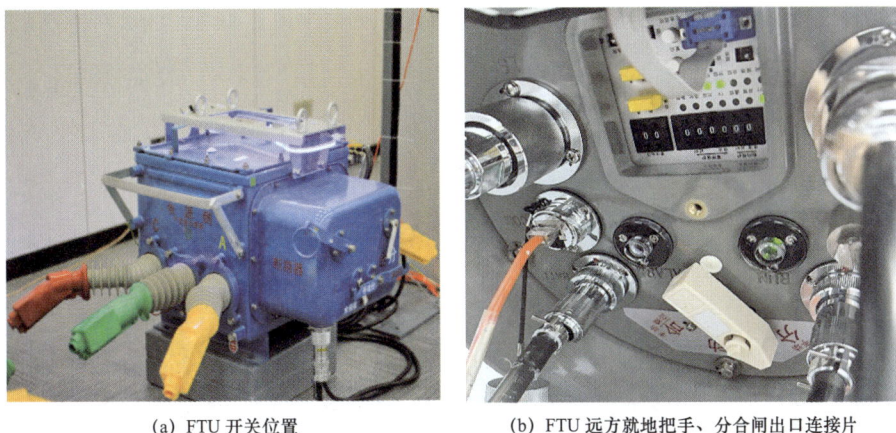

序号	设备名称	组件名称	数据名称	地址	事件状态	事件类型	时间	毫秒	校时
1	智能配电终端	Empty	远方	4	开	SOE	2024/2/28 15:45:39	661	已校时
2	智能配电终端	Empty	未储能	1	合	SOE	2024/2/28 15:45:43	338	已校时
3	智能配电终端	Empty	开关分位	3	开	SOE	2024/2/28 15:45:43	346	已校时
4	智能配电终端	Empty	开关合位	2	合	SOE	2024/2/28 15:45:43	349	已校时
5	智能配电终端	Empty	未储能	1	开	SOE	2024/2/28 15:45:49	62	已校时
6	智能配电终端	Empty	开关合位	2	开	SOE	2024/2/28 15:45:56	929	已校时
7	智能配电终端	Empty	开关分位	3	合	SOE	2024/2/28 15:45:56	931	已校时

图 7-34 设备遥信 SOE 记录

6. 遥测功能检查

分别短接端子排 TA 一次侧相电流及零序电流端子，拨开电流、电压连片（注意拨开后连片在不导通侧），如图7-35所示，再将继电仪电流、电压试验线与端子排二次端子连接。首先用继保仪对终端进行差异化加量，检查相序无误后用继保仪对终端加50%、100%二次额定电压和额定电流，检查模拟主站显示的一次、二次遥测值是否在0.5%采样精度以内，施加100%二次额定电流和额定电压时角度分别加0°、30°、60°、90°，检查模拟主站显示的功率是否在10%采样精度以内。不同情况下模拟主站遥测值如图7-36～图7-41所示。

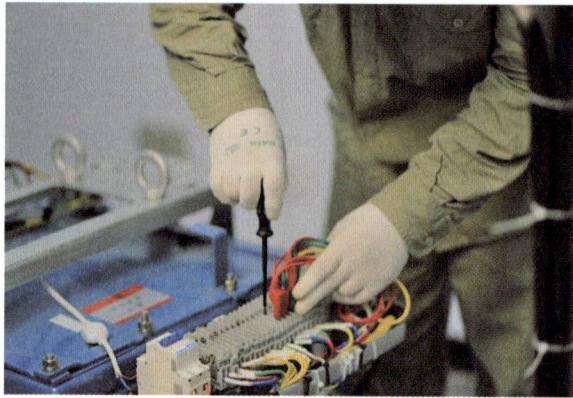

图7-35 短接TA一次侧电流端子

(a) 模拟终端

(b) 模拟主站

图7-36 三相电流差异化加量时模拟终端和主站的遥测值

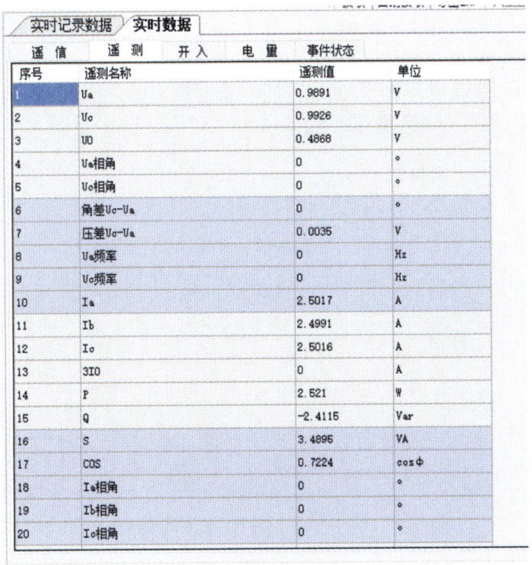

实时记录数据　实时数据

遥信　遥测　开入　电量　事件状态

序号	遥测名称	遥测值	单位
1	Ua	0.9891	V
2	Uc	0.9926	V
3	U0	0.4868	V
4	Ua相角	0	°
5	Uc相角	0	°
6	角差Uc-Ua	0	°
7	压差Uc-Ua	0.0035	V
8	Ua频率	0	Hz
9	Uc频率	0	Hz
10	Ia	2.5017	A
11	Ib	2.4991	A
12	Ic	2.5016	A
13	3I0	0	A
14	P	2.521	W
15	Q	-2.4115	Var
16	S	3.4895	VA
17	COS	0.7224	cosΦ
18	Ia相角	0	°
19	Ib相角	0	°
20	Ic相角	0	°

(a) 模拟终端

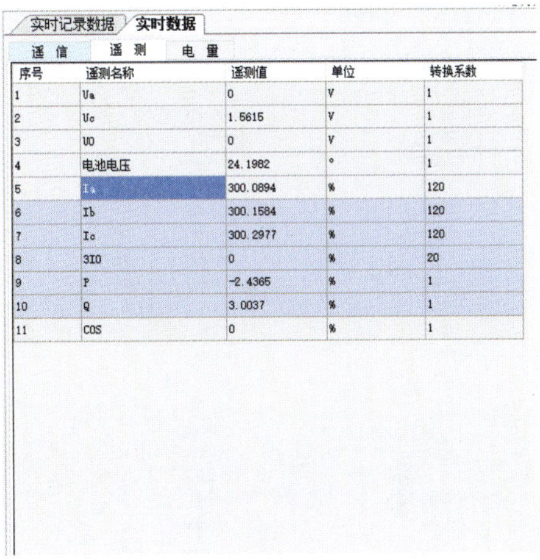

实时记录数据　实时数据

遥信　遥测　电量

序号	遥测名称	遥测值	单位	转换系数
1	Ua	0	V	1
2	Uc	1.5615	V	1
3	U0	0	V	1
4	电池电压	24.1982	°	1
5	Ia	300.0894	%	120
6	Ib	300.1584	%	120
7	Ic	300.2977	%	120
8	3I0	0	%	20
9	P	-2.4365	%	1
10	Q	3.0037	%	1
11	COS	0	%	1

(b) 模拟主站

图 7-37　50%额定电流加量时模拟终端和主站的遥测值

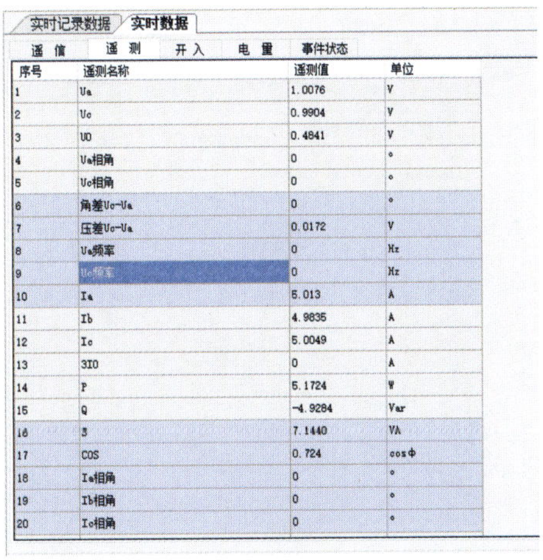

实时记录数据　实时数据

遥信　遥测　开入　电量　事件状态

序号	遥测名称	遥测值	单位
1	Ua	1.0076	V
2	Uc	0.9904	V
3	U0	0.4841	V
4	Ua相角	0	°
5	Uc相角	0	°
6	角差Uc-Ua	0	°
7	压差Uc-Ua	0.0172	V
8	Ua频率	0	Hz
9	Uc频率	0	Hz
10	Ia	5.013	A
11	Ib	4.9835	A
12	Ic	5.0049	A
13	3I0	0	A
14	P	5.1724	W
15	Q	-4.9284	Var
16	S	7.1440	VA
17	COS	0.724	cosΦ
18	Ia相角	0	°
19	Ib相角	0	°
20	Ic相角	0	°

(a) 模拟终端

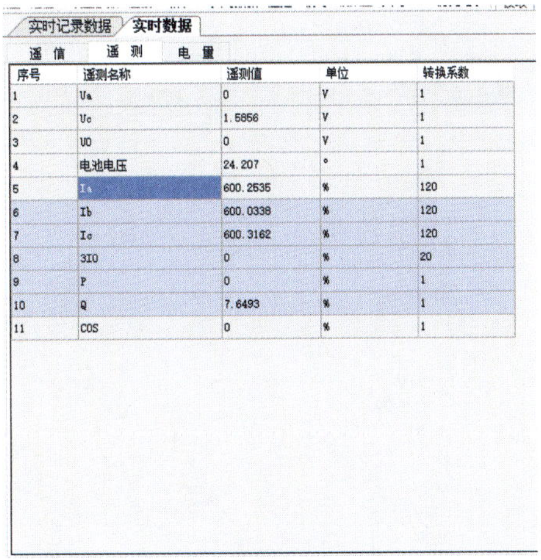

实时记录数据　实时数据

遥信　遥测　电量

序号	遥测名称	遥测值	单位	转换系数
1	Ua	0	V	1
2	Uc	1.5856	V	1
3	U0	0	V	1
4	电池电压	24.207	°	1
5	Ia	600.2535	%	120
6	Ib	600.0338	%	120
7	Ic	600.3162	%	120
8	3I0	0	%	20
9	P	0	%	1
10	Q	7.6493	%	1
11	COS	0	%	1

(b) 模拟主站

图 7-38　100%额定电流加量时模拟终端和主站的遥测值

实时记录数据 实时数据

遥信 遥测 开入 电量 事件状态

序号	遥测名称	遥测值	单位
1	Ua	50.0316	V
2	Uc	50.0153	V
3	U0	0.4823	V
4	Ua相角	0	°
5	Uc相角	119.9451	°
6	角差Uc-Ua	119.9451	°
7	压差Uc-Ua	0.0163	V
8	Ua频率	49.9983	Hz
9	Uc频率	50.0014	Hz
10	Ia	5.0131	A
11	Ib	4.9836	A
12	Ic	5.0046	A
13	3I0	0	A
14	P	253.1682	W
15	Q	-248.1527	Var
16	S	354.5052	VA
17	COS	0.7141	cosΦ
18	Ia相角	88.8351	°
19	Ib相角	239.0664	°
20	Ic相角	118.8499	°

(a) 模拟终端

实时记录数据 实时数据

遥信 遥测 电量

序号	遥测名称	遥测值	单位	转换系数
1	Ua	50.0219	V	1
2	Uc	50.0012	V	1
3	U0	0.465	V	1
4	电池电压	24.2194	°	1
5	Ia	600.2404	%	120
6	Ib	600.0341	%	120
7	Ic	600.2106	%	120
8	3I0	0	%	20
9	P	500.2515	%	1
10	Q	3.8127	%	1
11	COS	1	%	1

(b) 模拟主站

图 7-39　50%额定电压加量时模拟终端和主站的遥测值

实时记录数据 实时数据

遥信 遥测 开入 电量 事件状态

序号	遥测名称	遥测值	单位
1	Ua	100.0018	V
2	Uc	99.9622	V
3	U0	0.4906	V
4	Ua相角	0	°
5	Uc相角	119.948	°
6	角差Uc-Ua	119.948	°
7	压差Uc-Ua	0.0396	V
8	Ua频率	50.0012	Hz
9	Uc频率	50.0041	Hz
10	Ia	5.0131	A
11	Ib	4.9846	A
12	Ic	5.0068	A
13	3I0	0	A
14	P	503.6639	W
15	Q	-498.0369	Var
16	S	708.3206	VA
17	COS	0.7111	cosΦ
18	Ia相角	89.1062	°
19	Ib相角	239.3403	°
20	Ic相角	119.0751	°

(a) 模拟终端

实时记录数据 实时数据

遥信 遥测 电量

序号	遥测名称	遥测值	单位	转换系数
1	Ua	99.9748	V	1
2	Uc	99.9515	V	1
3	U0	0.4683	V	1
4	电池电压	24.2258	°	1
5	Ia	600.2165	%	120
6	Ib	600.0646	%	120
7	Ic	600.3227	%	120
8	3I0	0	%	20
9	P	1000.1556	%	1
10	Q	3.2583	%	1
11	COS	1	%	1

(b) 模拟主站

图 7-40　100%额定电压加量时模拟终端和主站的遥测值

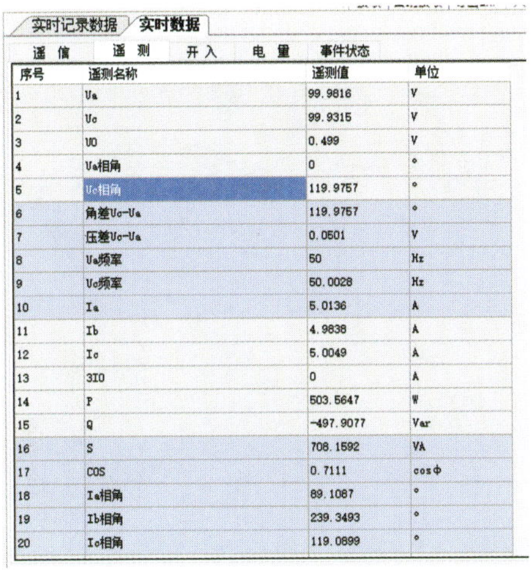

(a) 100%额定无功功率　　　　　　　　　　(b) 100%额定有功功率

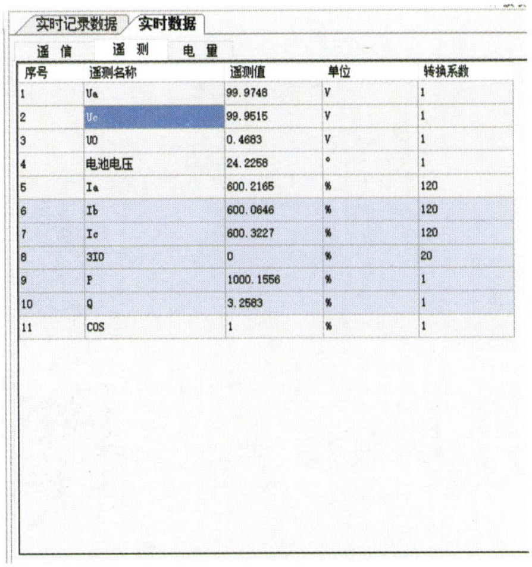

图 7-41　100%额定无功功率和额定有功功率加量时模拟主站遥测值

7. 遥控功能检查

将 FTU 把手切换到就地位置，投入分合闸出口连接片，使用调试软件下发分合命令，开关应不动作；把手切换到远方位置，使用调试软件下发分合命令，开关应正确动作，且指示正常；退出分合闸出口连接片，使用调试软件下发分合命令，开关应不动作。

8. 保护功能检查

（1）过流保护动作信号。保护试验前应先用调试软件修改保护定值参数，且与保护定值单一致。投入过流告警、出口功能，将开关置于合位，投入分合闸出口连接片。查看设备终端速断保护定值为 5A/0s，先将 A 相电流设为 4.75A，时间 0.1s，启动继保仪，模拟主站与终端无相间速断遥信信号，开关不动作；再将 A 相电流设为 5.25A，时间 0.1s，启动继保仪，模拟主站与终端均显示相间速断信号，且开关跳闸动作，如图 7-42 和图 7-43 所示。其余

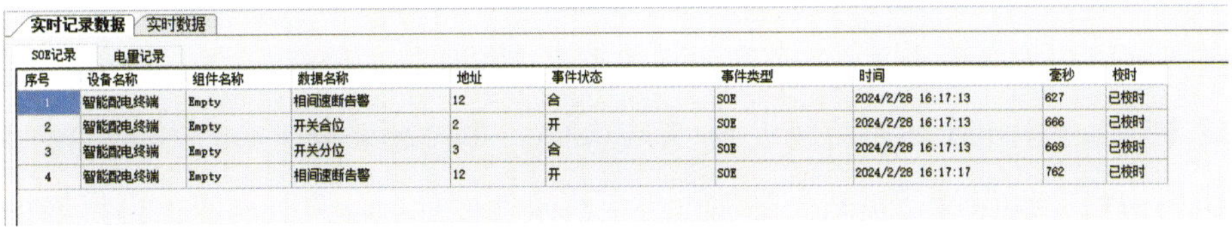

图 7-42　SOE 记录显示相间过流和开关动作

<table>
<tr><td>(a) 开关跳闸前</td><td>(b) 开关跳闸后</td></tr>
</table>

图 7-43 开关保护跳闸动作

两相按照上述方法依次进行。

（2）零序过流保护动作信号。投入零序过流告警功能、出口功能，查看设备终端过负荷保护定值为 1A/3s，先将零序端子的电流线设为 0.95A，时间 3.1s，启动继保仪，主站与终端无零序过流遥信信号，开关不动作；再将零序端子的电流线设为 1.05A，时间 3.1s，启动继保仪，主站与终端均显示零序过流遥信信号，开关跳闸动作，如图 7-44 所示。

序号	设备名称	组件名称	数据名称	地址	事件状态	事件类型	时间	毫秒	校时
1	智能配电终端	Empty	零序I段告警	14	合	SOE	2024/2/28 16:23:24	997	已校时
2	智能配电终端	Empty	开关合位	2	开	SOE	2024/2/28 16:23:25	36	已校时
3	智能配电终端	Empty	开关分位	3	合	SOE	2024/2/28 16:23:25	39	已校时
4	智能配电终端	Empty	零序I段告警	14	开	SOE	2024/2/28 16:23:26	897	已校时

图 7-44 SOE 记录显示零序告警和开关动作

（3）小电流接地保护动作信号。投入小电流接地告警、出口功能，小电流接地出口方向设为 1。查看设备终端小电流接地保护定值为 6V/5A/10s，先将零序端子的电压、电流线设为 5.7V/5.1A，电流超前电压 90°，试验时间 10.1s，启动继保仪，主站与终端无小电流接地信号，开关不动作；再将零序端子的电压线设为 6.3A，时间 10.1s，启动继保仪，主站与终端均显示小电流接地告警遥信信号，且开关跳闸动作，如图 7-45 所示。

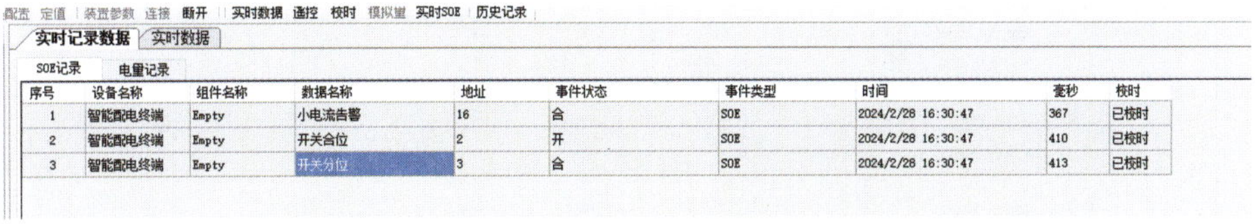

图 7-45　SOE 记录显示小电流告警和开关动作

7.3　常见问题及处理方法

7.3.1　常见遥信问题处理

1. 缺陷现象

DTU 实遥信有，单间隔开关柜所有状态信号均无，如图 7-46 所示。

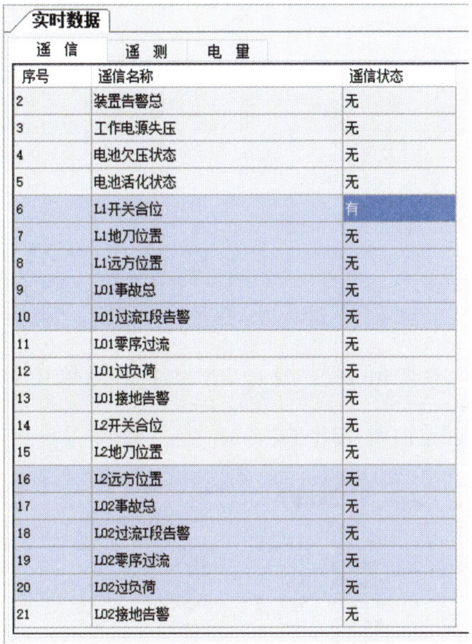

缺陷排查：首先确保软件配置正确，点表配置中遥信点表上送类型正确、线路遥信起始号、每路遥信数量设置正确，如图 7-47 所示。

然后检查硬件故障，步骤如下。

（1）在开关柜侧改变开关位置状态，观察到主站侧 SOE 无记录，如图 7-48 所示；

图 7-46　单间隔开关柜所有状态信号均无

（2）用万用表电压档检查 DTU 的 ZD 端子上遥信电源正常；

（3）断开装置电源；

（4）用万用表蜂鸣档检查 ZD 板的遥信电源正极"2CD：13"与 CD 板的遥信电源正极"2CD：13"不导通；

（5）检查 ZD 板至 2CD 板遥信公共端的线路连接情况。

缺陷位置：DTU 的 CD 板上 2CD：13 单间隔遥信公共端虚接。

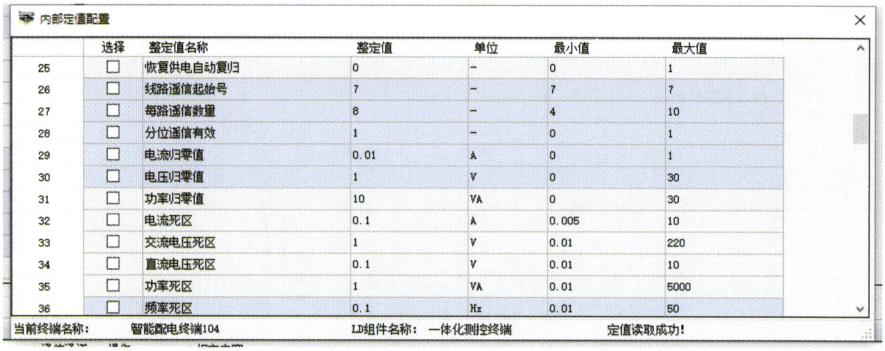

图7-47　线路遥信起始号、每路遥信数量设置正确

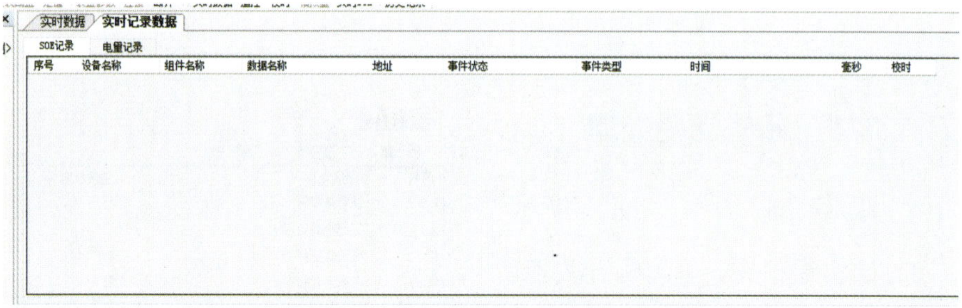

图7-48　开关动作时 SOE 无变位记录

缺陷处理：断开装置电源，将遥信公共端重新接到 2CD：13 上，检查装置电源回路绝缘正常后合上装置电源空气开关。缺陷恢复后，检查模拟主站采集到开关柜状态信号，如图 7-49 所示。

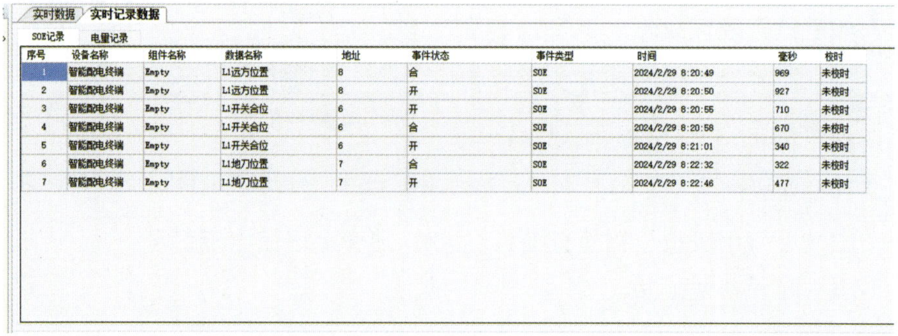

图7-49　故障恢复后，模拟主站采集到开关柜状态信号

2. 缺陷现象

开关动作时接地开关遥信变位，接地开关动作时开关遥信变位，如

图 7-50 所示。

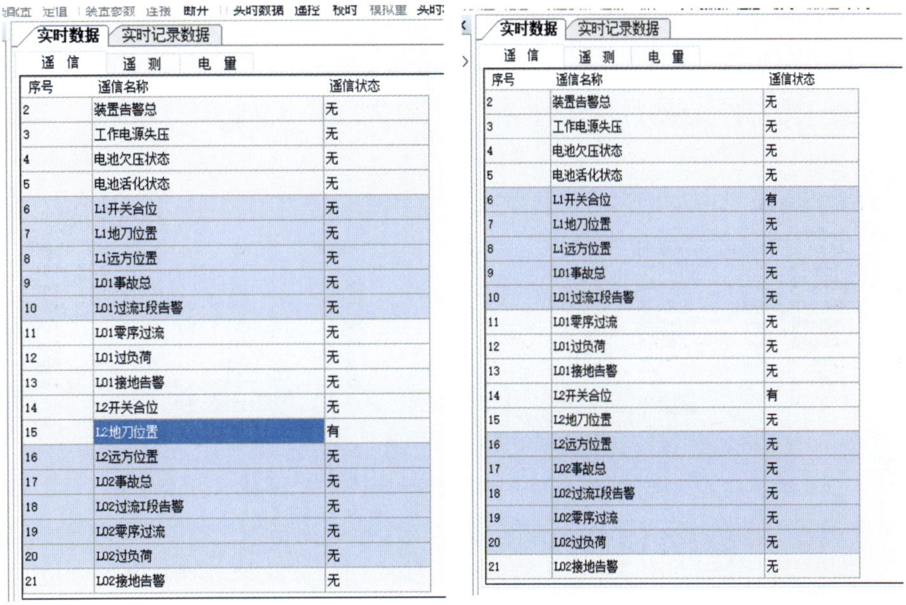

(a) 开关动作时接地开关遥信变位　　　　(b) 接地开关动作时开关遥信变位

图 7-50　实际开关动作与遥信不一致

首先确保软件配置正确，点表配置中遥信点表开关合位和接地开关位置点号正确，如图 7-51 所示。

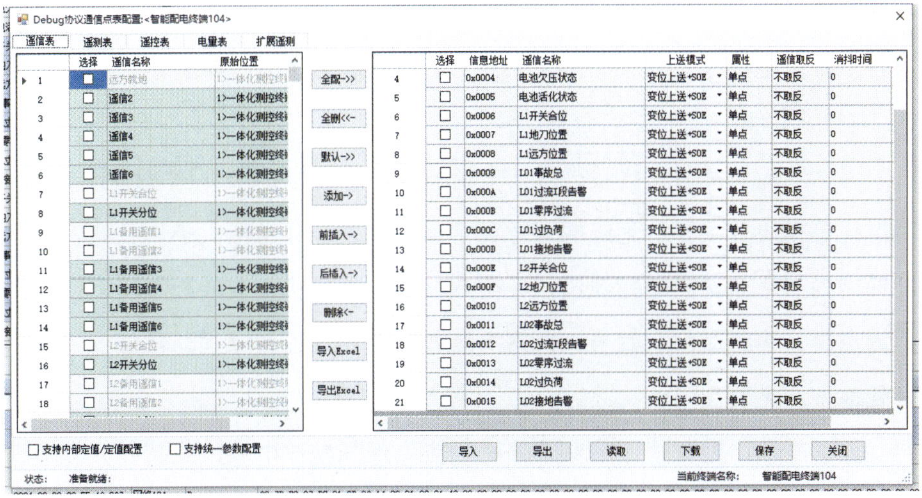

图 7-51　遥信点表开关合位和接地开关位置点号正确

然后检查硬件故障，步骤如下。

缺陷排查：

（1）用短接线将 DTU 二次端子排 CD 板右侧出线的遥信公共端分别与开关合位、接地开关位置短接，主站 SOE 显示正确，如图 7-52 所示；

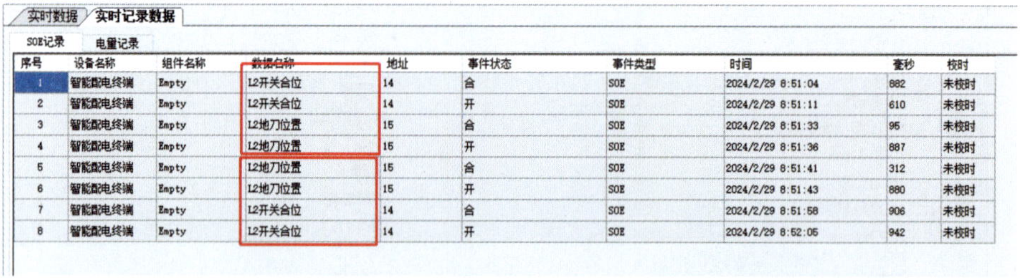

序号	设备名称	组件名称	数据名称	地址	事件状态	事件典型	时间	毫秒	校时
1	智能配电终端	Empty	L2开关合位	14	合	SOE	2024/2/29 8:51:04	682	未校时
2	智能配电终端	Empty	L2开关合位	14	开	SOE	2024/2/29 8:51:11	610	未校时
3	智能配电终端	Empty	L2地刀位置	15	合	SOE	2024/2/29 8:51:33	95	未校时
4	智能配电终端	Empty	L2地刀位置	15	开	SOE	2024/2/29 8:51:36	887	未校时
5	智能配电终端	Empty	L2地刀位置	15	合	SOE	2024/2/29 8:51:41	312	未校时
6	智能配电终端	Empty	L2地刀位置	15	开	SOE	2024/2/29 8:51:43	880	未校时
7	智能配电终端	Empty	L2开关合位	14	合	SOE	2024/2/29 8:51:58	906	未校时
8	智能配电终端	Empty	L2开关合位	14	开	SOE	2024/2/29 8:52:05	942	未校时

图 7-52　分别在 DTU 端子排和开关柜端子排短接时的 SOE 记录

（2）用短接线将开关柜至 DTU 侧出线的遥信公共端分别与开关合位、接地开关位置短接，主站 SOE 显示相反。

缺陷位置：DTU 二次端子排 CD 板左侧合位遥信位置与接地开关遥信位置接反。

缺陷处理：断开装置电源，将 DTU 二次端子排 CD 板左侧合位遥信端子线与接地开关遥信端子线互换并接到端子排上，检查装置电源回路绝缘正常后合上装置电源空气开关。故障恢复后，开关和接地开关位置遥信正确，如图 7-53 所示。

遥信功能异常通常比较直观，主要发生在分合位指示、远方/就地把手、蓄电池等模块上主要分为终端信号异常和主站信号异常两大类，具体表现在硬件上为信号二次回路接线错误、终端装置本体模块或板件故障等，在软件上为点表、线路遥信起始号、每路遥信数量等参数设置错误。常见遥信问题及处理方法见表 7-10。

注意事项：处理遥信回路缺陷时，应先断开操作电源，或断开分合闸压板，防止短接故障查找中因误接操作回路造成开关误动。

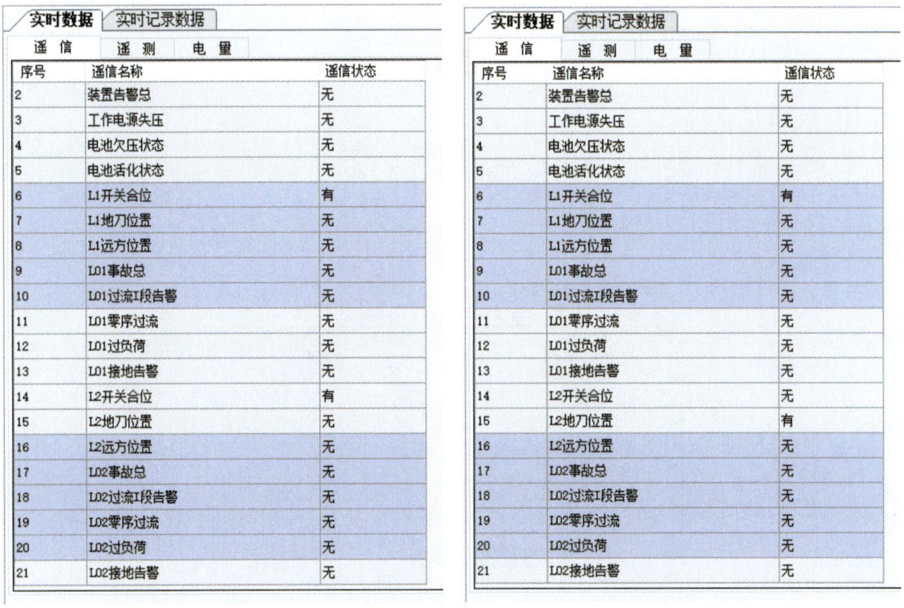

实时数据 | 实时记录数据

遥信 | 遥测 | 电量

序号	遥信名称	遥信状态
2	装置告警总	无
3	工作电源失压	无
4	电池欠压状态	无
5	电池活化状态	无
6	L1开关合位	有
7	L1地刀位置	无
8	L1远方位置	无
9	L01事故总	无
10	L01过流I段告警	无
11	L01零序过流	无
12	L01过负荷	无
13	L01接地告警	无
14	L2开关合位	有
15	L2地刀位置	无
16	L2远方位置	无
17	L02事故总	无
18	L02过流I段告警	无
19	L02零序过流	无
20	L02过负荷	无
21	L02接地告警	无

(a)开关动作时

实时数据 | 实时记录数据

遥信 | 遥测 | 电量

序号	遥信名称	遥信状态
2	装置告警总	无
3	工作电源失压	无
4	电池欠压状态	无
5	电池活化状态	无
6	L1开关合位	有
7	L1地刀位置	无
8	L1远方位置	无
9	L01事故总	无
10	L01过流I段告警	无
11	L01零序过流	无
12	L01过负荷	无
13	L01接地告警	无
14	L2开关合位	无
15	L2地刀位置	有
16	L2远方位置	无
17	L02事故总	无
18	L02过流I段告警	无
19	L02零序过流	无
20	L02过负荷	无
21	L02接地告警	无

(b)接地开关动作时

图 7-53 模拟主站遥信变位正确

表 7-10 常见遥信问题及处理方法

常见问题	处理方法
终端遥信错位或无	1)检查点表、信息体起始地址是否与主站一致。 2)检查信号回路端子接线是否错位。 3)检查信号回路电源是否正常
终端信号异常	1)一次柜相关元器件或设备故障、二次线位置接错。 2)终端侧二次接线错误或终端装置本体模块或板件故障,可以通过在信号回路依次短接开关位置信号来定位故障点。 3)终端软件点表、线路遥信起始号、每路遥信数量等相关参数配置错误
主站信号异常	1)先检查终端上是否正确产生了遥信,可以通过查看报告记录或实时开关量状态、自检状态进行确认。 2)如果终端里有遥信产生,判断为通信问题,检查通信是否正常,点表和信息体起始地址是否与主站一致。 3)抓取遥信变化时的报文,分析是否有报文发出
SOE 时间不对	1)检查装置时间是否与主站一致。 2)检查终端的对时设置是否正确。 3)检查主站是否下发了对时报文

7.3.2 常见遥测问题处理

1. 缺陷现象

差异化加量（I_a、I_b、I_c 分别加 0.1A、0.2A、0.3A）时遥测 A、B 两相电流显示错相，如图 7-54 所示。

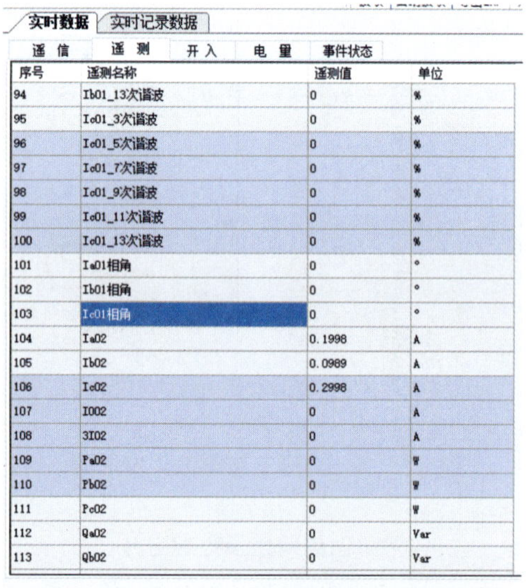

图 7-54　A、B 两相电流显示错相

缺陷排查：首先确保软件配置正确：点表配置中遥测点表 ABC 三相电流点号正确、电流组合方式设置正确，如图 7-55 所示。

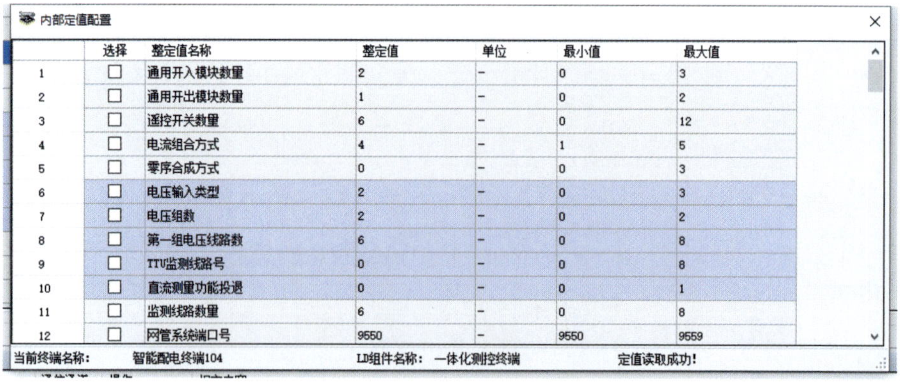

图 7-55　电流组合方式设置正确

然后检查硬件故障，步骤如下：

（1）检查三相电流试验线在继保仪和端子排上接线正确；

（2）检查继保装置和电流表上 ABC 三相电流显示正常；

（3）用钳形电流表测量开关柜侧至 DTU 侧二次电流出线幅值正常；

（4）用钳形电流表测量 DTU 右侧二次电流进线幅值显示错相。

缺陷位置：DTU 接线端子排右侧 A、B 两相电流采样线位置互换。

缺陷处理：（无须断电源）继保仪停止加量，将遥测点表中显示 0.1A 的电流线接在 DTU 接线端子排 A 相进线端子上，显示 0.2A 的电流线接在 B 相端子上。故障恢复后重新差异化加量，检查主站遥测值与加量值一致，如图 7−56 所示。

序号	遥测名称	遥测值	单位
97	Io01_7次谐波	0	%
98	Io01_9次谐波	0	%
99	Io01_11次谐波	0	%
100	Io01_13次谐波	0	%
101	Ia01相角	0	°
102	Ib01相角	0	°
103	Io01相角	0	°
104	Ia02	0.1009	A
105	Ib02	0.1989	A
106	Ic02	0.301	A
107	I002	0	A
108	3I02	0	A
109	Pa02	0	W
110	Pb02	0	W
111	Pc02	0	W
112	Qa02	0	Var
113	Qb02	0	Var
114	Qc02	0	Var
115	P02	0	W
116	Q02	0	Var

图 7−56　缺陷恢复后遥测显示值与加量值一致

2. 缺陷现象

遥测电压 U_{ab}、U_{cb} 显示异常，如图 7−57 所示。

缺陷排查：首先确保软件配置正确，点表配置中遥测点表 U_{ab}、U_{bc} 配置正确、电压输入类型设置正确，如图 7−58 所示。

实时数据　实时记录数据

遥信　遥测　开入　电量　事件状态

序号	遥测名称	遥测值	单位
1	Ua1	0	V
2	Ub1	0	V
3	Uc1	0	V
4	Uab1	51.9633	V
5	Ucb1	52.0261	V
6	U01	0	V
7	3U01	0	V
8	U1不平衡度	0	%
9	Ua1_3次谐波	0	%
10	Ua1_5次谐波	0	%
11	Ua1_7次谐波	0	%
12	Ua1_9次谐波	0	%
13	Ua1_11次谐波	0	%
14	Ua1_13次谐波	0	%
15	Ub1_3次谐波	0	%
16	Ub1_5次谐波	0	%
17	Ub1_7次谐波	0	%
18	Ub1_9次谐波	0	%
19	Ub1_11次谐波	0	%
20	Ub1_13次谐波	0	%

图 7–57　模拟主站电压 U_{ab}、U_{cb} 遥测值显示异常

内部定值配置

	选择	整定值名称	整定值	单位	最小值	最大值
1	□	通用开入模块数量	2	–	0	3
2	□	通用开出模块数量	1	–	0	2
3	□	遥控开关数量	6	–	0	12
4	□	电流组合方式	4	–	1	5
5	□	零序合成方式	0	–	0	3
6	□	电压输入类型	2	–	0	3
7	□	电压组数	2	–	0	2
8	□	第一组电压线路数	6	–	0	8
9	□	TTU监测线路号	0	–	0	8
10	□	直流测量功能投退	0	–	0	1
11	□	监测线路数量	6	–	0	8
12	□	网管系统端口号	9550	–	9550	9559

当前终端名称：　智能配电终端104　　LD组件名称：一体化测控终端　　定值读取成功!

图 7–58　电压输入类型设置正确

然后检查硬件故障：

（1）检查三相电压试验线在继保仪和端子排上接线正确；

（2）用万用表电压档测量开关柜侧至 DTU 侧二次电压出线幅值正常；

（3）用万用表电压档测量 DTU 右侧二次电压进线幅值显示正常；

（4）用万用表电压档测量 DTU 左侧二次电压出线幅值显示异常；

（5）检查 DTU 左侧二次电压出线连接正常。

缺陷位置：DTU 端子排处 B 相二次采样电压熔断器烧坏。

缺陷处理：（无须断电源）继保仪停止加量，更换 DTU 端子排 B 相二次电压采样熔断器。缺陷故障恢复后重新加量，检查模拟主站遥测值与加量值一致，如图 7-59 所示。

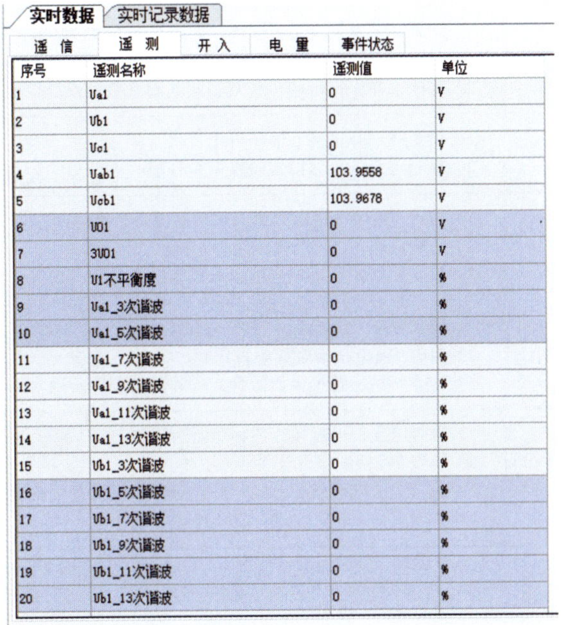

序号	遥测名称	遥测值	单位
1	Ua1	0	V
2	Ub1	0	V
3	Uc1	0	V
4	Uab1	103.9558	V
5	Ucb1	103.9678	V
6	U01	0	V
7	3U01	0	V
8	U1不平衡度	0	%
9	Ua1_3次谐波	0	%
10	Ua1_5次谐波	0	%
11	Ua1_7次谐波	0	%
12	Ua1_9次谐波	0	%
13	Ua1_11次谐波	0	%
14	Ua1_13次谐波	0	%
15	Ub1_3次谐波	0	%
16	Ub1_5次谐波	0	%
17	Ub1_7次谐波	0	%
18	Ub1_9次谐波	0	%
19	Ub1_11次谐波	0	%
20	Ub1_13次谐波	0	%

图 7-59 缺陷恢复后模拟主站遥测值显示与加量值一致

遥测功能异常主要包括电流、电压、功率三类测量数值异常，具体表现在硬件上主要涉及 TV、TA、测量二次回路相关故障，在软件上主要涉及终端或主站点表、转换系数、遥测 ASDU 类型、零漂、死区以及采样组合方式等参数设置错误。常见遥测问题及处理方法见表 7-11。

表 7-11 常见遥测问题及处理方法

常见问题	处理方法
所有遥测为 0	1）检查终端与主站通信是否正常； 2）检查一次设备否安装有 TV、TA； 3）检查测量电压空气开关是否合上； 4）检查一次设备 TA 二次线在端子排是否被短接（重点针对新安装的设备）； 5）检查终端内部配置，查看遥测的 ASDU 类型、信息体起始地址设置与主站是否一致； 6）核实线路负荷大小，并检查遥测的零漂抑制门槛设置是否合适

常见问题	处理方法
遥测错位或相序不对	1）检查点表配置是否正确、检查信息体起始地址是否与主站一致； 2）检查测量二次回路接线是否正确
遥测精度不准	1）检查终端上采样是否准确，如果终端不准，检查遥测的 ASDU 类型设置是否正确、二次接线是否紧固，终端测量板件是否有异常等； 2）如果终端采样准确，检查主站遥测系数设置是否正确
遥测值不变化	1）检查终端与主站通信是否正常； 2）检查遥测的死区门槛设置是否合适
电压值异常	1）检查 TV 一次熔断器或二次熔断器是否有熔断； 2）检查终端与 TV 的接线是否正确； 3）检查终端配置里电压组合方式等参数是否与现场一致
电流值异常	1）检查航插是否插对、插紧； 2）检查 TA 与终端接线是否正确； 3）检查终端配置里电流组合方式等参数是否正确
功率异常	1）检查电压、电流接线的相序是否正确； 2）检查 TA 接线极性是否正确； 3）检查电压电流组合方式、变比等参数设置是否正确； 4）如果负荷太小，功率计算不准确

注意事项：

（1）处理 TA 回路缺陷时，必须要做好 TA 回路防开路的安全措施。为了保证人身安全，作业人员可站在绝缘垫上工作，并且保证 TA 回路不失去接地点；如果打开 TA 连片使 TA 源侧失去接地点时，应增设临时接地点，并在作业完成后及时拆除。为了保证设备安全运行，在短接或断开 TA 回路前，必须退出与其有关的保护，在 TA 回路未恢复正常时，禁止投入这些保护。

（2）处理 TV 回路缺陷时，必须做好 TV 回路防短路的安全措施。在 TV 二次侧加压时，应先断开 TV 二次测量空气开关并取下 TV 二次熔断器，防止 TV 二次向一次返送电。

7.3.3　常见遥控问题处理

1. 缺陷现象

遥控合闸执行成功但开关不动作，可以遥控分闸，如图 7-60 所示。

图 7-60　遥控合闸执行成功但开关不动作

缺陷排查：首先确保软件配置正确，点表配置中遥控点表遥控分合闸点号正确、开入开出编号正确、分合闸输出脉冲时间设置正确，如图 7-61 所示。

图 7-61　分合闸输出脉冲时间设置正确

然后检查硬件故障：

1）检查开关柜和 DTU 把手都在远方位置；

2）DTU 远方就地变位信号上送正常；

3）用万用表蜂鸣档检查遥控合闸回路的通断情况；

缺陷位置：DTU 面板的合闸硬压板 LP3：02 端子虚接。

缺陷处理：断开操作电源，重新连接合闸硬压板 LP3：02 端子。检查操作电源回路绝缘正常后合上装置电源。缺陷恢复后，可以遥控开关分合。

2. 缺陷现象

遥控合闸开关分，遥控分闸开关合。

缺陷排查：首先确保软件配置正确，点表配置中遥控点表遥控分合闸点号正确、开入开出编号正确，如图 7-62 所示。

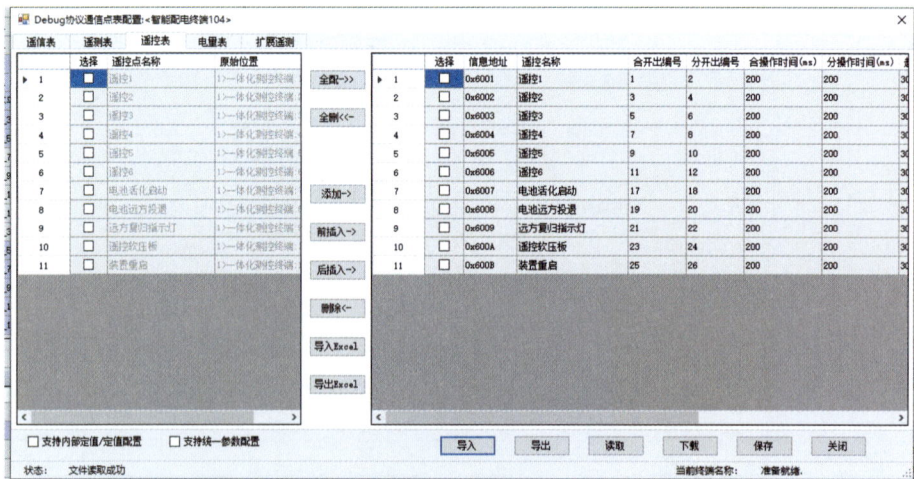

图 7-62　遥控分合闸点号正确、开入开出编号正确

然后检查硬件故障：

1）在开关柜进行电操，开关分合正常；

2）在 DTU 侧进行开关合闸操作开关分，在 DTU 侧进行开关分闸操作开关合；

3）断开操作电源，用万用表蜂鸣挡检查 DTU 侧至开关柜侧分合闸操作回路的通断情况；

缺陷位置：DTU 的 DO 端子排左侧出线遥控合闸与遥控分闸端子接反。

缺陷处理：断开操作电源，将 DTU 的 DO 端子排左侧遥控合闸端子线和分闸端子线互换并接到端子排上，检查操作电源回路绝缘正常后合上装置电源空气开关。故障恢复后，遥控开关分合与实际开关动作一致。

常见遥控问题主要包括预置无法成功，预置成功后无法执行两大类，具体表现为：在硬件上主要涉及远方/就地位置、出口压板投入错误，开关电动操动机构、操作回路、终端装置故障，在软件上主要涉及点表、软压板、遥控加密、分合闸输出脉冲等参数设置错误。常见遥控问题及处理方法见表 7-12。

表 7-12　　　　　　　　　　常见遥控问题及处理方法

常见问题	处理方法
遥控选择（预置）失败	1）检查终端和一次设备远方/就地把手是否均在远方位置，并核实远方/就地变位信号是否上送正常。 2）检查遥控软压板是否投入。 3）检查遥控类型是否和主站一致（单点遥控、双点遥控）。 4）检查点表、信息体起始地址等终端配置是否与主站一致。 5）抓取遥控时的报文，分析是否通信异常，或是调度下发的遥控报文异常
遥控执行失败	1）首先检查终端的报告，是否有遥控执行的报告；如果有，说明终端已执行遥控命令，排除通信问题；如果没有，说明是通信问题或终端自身问题。 2）如果非通信问题，检查终端分合闸脉冲等参数设置是否正确，检查出口压板是否投入，检查终端和开关之间接线是否正常，检查终端装置板件、出口继电器等是否正常，检查开关操动机构和电操回路是否正常，可以通过电动和手动分合开关进行判断机构或电操回路是否有问题。 3）如果是通信问题，抓取遥控时的报文，分析是否通信异常，或是调度下发的遥控报文异常

注意事项：处理遥控回路缺陷时，应先断开操作电源，若涉及电源回路故障时，故障处理完后，恢复操作电源时应先检查操作电源空气开关下端绝缘正常。

7.3.4　常见离线问题处理

终端离线是运行终端发生最频繁、占比最大的一类缺陷，因此离线处理也成了配电自动化运维人员最基本的一项工作，主要包括频繁离线和永久离线两大类。其中对于已投运终端而言，运行期间发生的离线绝大多数是因为电源缺失、通信设备故障、接口松动等硬件原因造成。常见离线处理方法见表 7-13。

表 7-13　　　　　　　　　　常 见 离 线 问 题 处 理

常见问题	处理方法
频繁掉线、上线	1）检查终端安装地点无线信号是否稳定，天线安装位置是否合适。 2）检查无线模块是否运行正常，重启后是否能正常上线。 3）检查 ONU 等光纤设备以及光路是否正常。 4）检查通信回路连接点（串口、网口）接线是否松动。 5）抓取报文，分析主站和终端是否通信配合有问题

续表

常见问题	处理方法
一直不能上线	1）检查 TV 一次或二次熔断器有没有熔断导致终端装置无交流电源。 2）检查终端电源模块、电源板件或电源二次回路是否故障，导致终端装置电源或通信电源缺失。 3）检查蓄电池或电源模块是否故障造成充电回路异常，终端各种指示灯不停闪烁。 4）检查终端安装地点是否无线信号是否稳定。 5）检查无线模块是否运行正常，重启后是否能正常上线。 6）检查终端或无线模块链路地址、装置地址等参数配置是否正确，SIM 卡是否正常，可以通过软件查看无线模块的状态来判断。 7）检查光纤通信终端 IP 地址、装置地址等参数配置是否正确。 8）检查主站通信参数配置是否正确，是否有报文下发。 9）抓取报文，终端是否收到主站报文。 10）检查终端和主站的加密证书是否正确下装，并检查加密模式设置是否正确

7.4　配电自动化主站运维操作

7.4.1　主站体系架构

配电自动化主站主要由计算机硬件、操作系统、支撑平台软件和配电网应用软件组成。其中，支撑平台包括系统信息交换总线和基础服务，配电网应用软件包括配电网运行监控与配电网运行状态管控两大类应用。

配电网应用软件分为系统基本功能与扩展功能。基本功能是指系统建设时均应配置的功能，扩展功能是指系统建设时可根据自身配网实际和运行管理需要进行选配的功能。

新一代主站系统如图 7-63 所示，系统主要功能如图 7-64 所示，主站工况如图 7-65 所示。

7.4.2　使用入门

1. 配电 SCADA 系统的启动

配电 SCADA 系统需要在 SCADA 服务器和配调工作站安装构筑完毕后，

连接好网络，配置对应的用户名称和权限。SCADA 服务器会自动启动对应的系统进程，待 SCADA 服务器启动完毕，服务器和工作站会自动建立连接，具备启动条件。

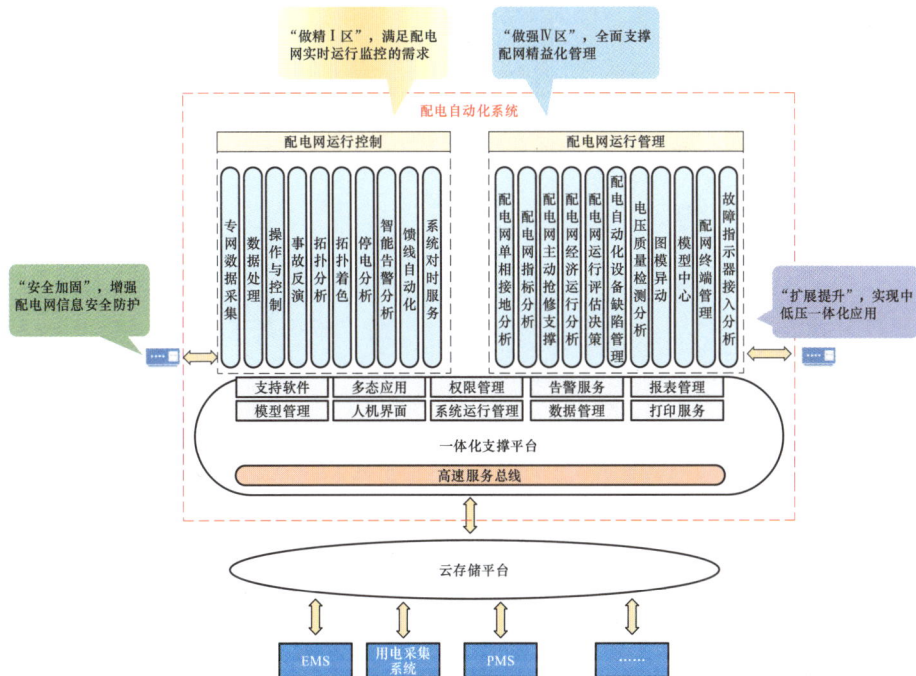

图 7-63　新一代主站系统

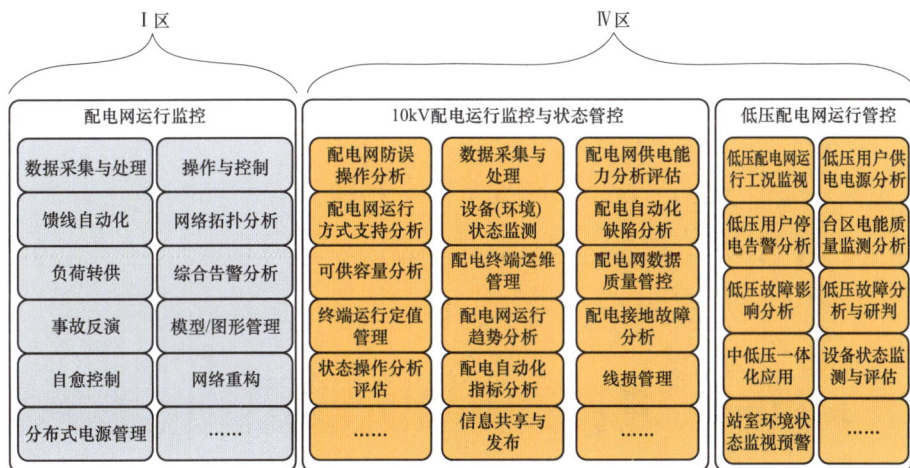

图 7-64　系统主要功能

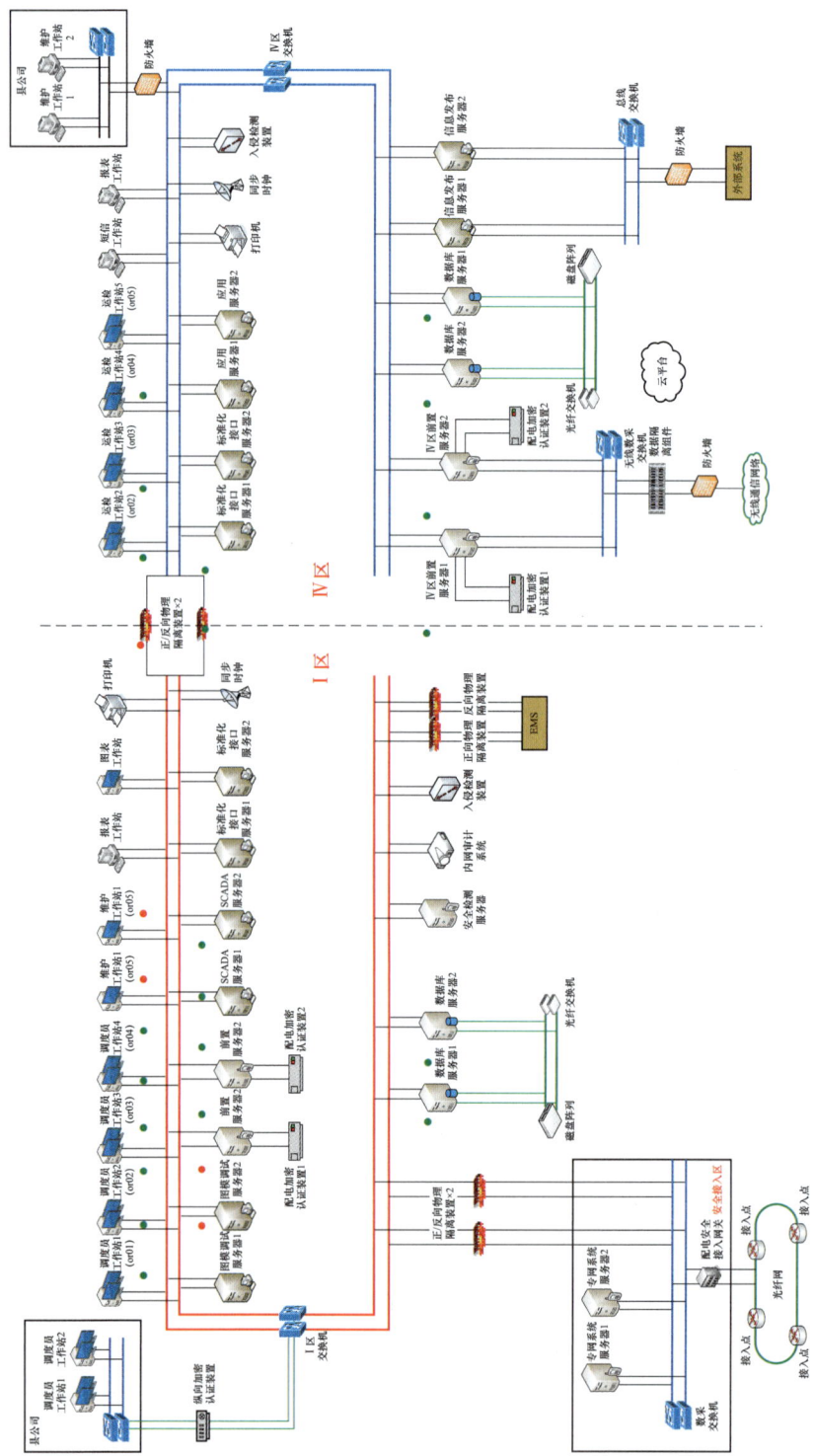

图 7-65　主站工况

70

双击桌面"dasstart"图标启动系统，如图 7−66 所示。

图 7−66 启动系统

2. 配调工作站的退出

配调工作站的特殊用途和性质决定工作持续性，所以在启动了工作站后，默认不能随便关闭，所以系统界面上不能关闭退出系统。

如果要退出系统，如图 7−67 所示，可以双击配调工作站桌面上的"dasstop"小图标，系统就会关闭。

图 7−67 关闭系统

3. 配电 SCADA 系统的密码设置

配电 SCADA 系统的密码设置在配调工作站上进行，进入配电自动化系统界面，单击"系统设置"，出现下拉菜单，包括系统监视设定、用户权限管理、系统信息配置，如图 7−68（a）所示。选择"用户管理权限"，单击后可进入用户权限一体化管理界面，如图 7−68（b）所示；在此界面可以对密码进行修改。

7.4.3 SCADA 操作说明

1. 人机界面简介

图 7−69 所示为配电自动化系统人机操作界面，系统采用的是一机双屏的展现方式，左屏是系统功能菜单，对电网的各种状态进行综合监控，也可选择进入对应的操作界面；右屏是配电系统图，如图 7−70 所示，对配电网

（a）用户权限设置   （b）用户密码修改

图 7-68　配电 SCADA 系统密码设置界面

图 7-69　系统功能菜单

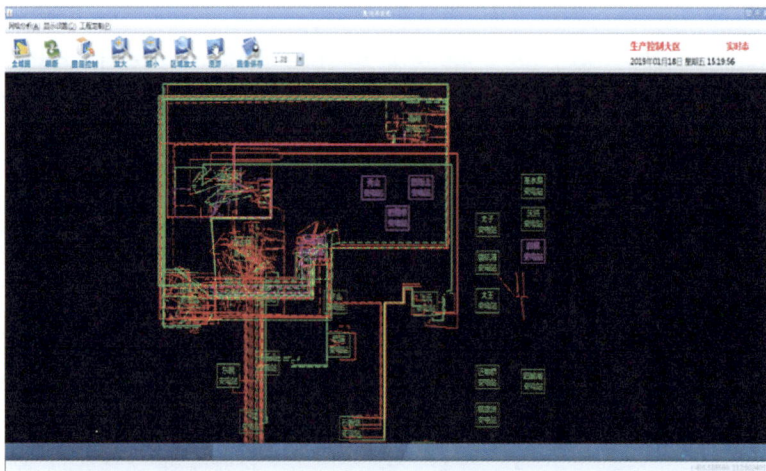

图 7-70　配电系统图

中配电设备进行监控，进行配电系统图调阅，停送电、挂牌、倒方式等操作，以及电网的实时拓扑分析。

2. 主页

主页画面主要由三部分组成，包括电网实时运行情况、地市地理图形、系统运行指标。

第一部分主要显示电网实时运行情况，主要分为电网故障信息、线路信息监视、电网自动化概况三部分内容，如图 7-71 所示；着重显示配网调度员关心的内容。不同内容的作用如下：

（1）电网故障信息：FA 故障数量、单相接地数量、用户故障数量。

（2）线路信息监视：显示保电线路、转供线路、停电线路、合环线路条数，单击进去可查看详细信息。

（3）电网自动化概况：自动化终端、自动化终端总数量、正常数量、异常数量、在线比。

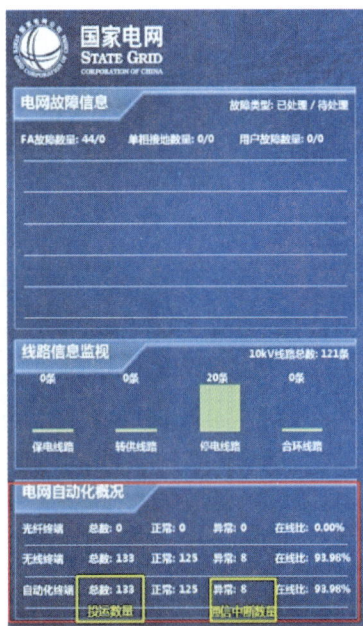

图 7-71 主页界面信息

第二部分地市地理图形。显示管辖区域区县地理图，其中会显示有故障线路、有重载线路和有停电线路。

第三部分由系统运行概况、系统运行工况、系统数据管理组成，如图 7-72 所示，着重自动化人员关心内容。不同区域作用如下：

（1）系统运行概况：监视范围、自愈方式、合环方式、语音报警；

（2）总有功功率曲线：显示今日，昨日的变电站总有功功率曲线；

（3）配网实时负载：10kV 线路平均负载率，三个区段负载线线路条数；

（4）系统实用化运行指标：终端在线率、遥控成功率、遥信正确率、FA 成功率。

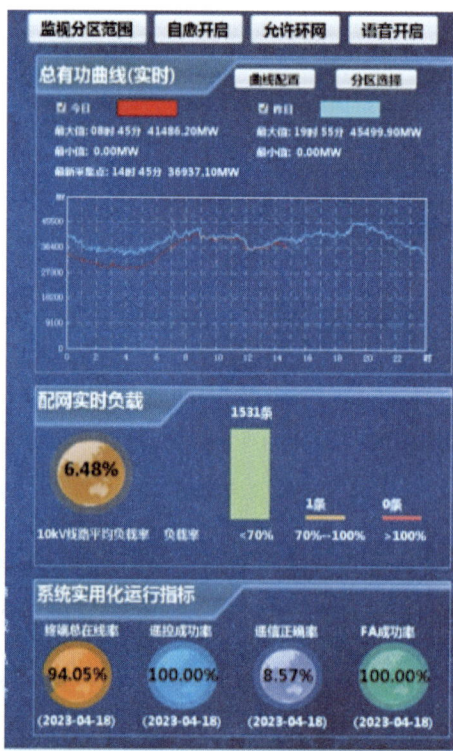

图 7-72　第三部分界面图

3. 系统实用化运行指标

系统实用化运行指标主要包括终端总在线率、遥控成功率、遥信正确率、FA 成功率四部分内容。它们分别的计算方式与表达含义如图 7-73 所示。

终端总在线率：显示是昨日终端总在线率	遥控成功率：显示昨天遥控成功率
配电终端月平均在线率=[0.5×（所有终端在线时长/所有终端应在线时长）+ 0.5×（连续离线时长不超过3天的终端数量/所有终端数量）]×100%	遥控成功率=（考核期内遥控成功次数）/（考核期内遥控次数总和）×100%
遥信动作正确率：显示昨日遥信正确率	自动化覆盖率：显示当前自动化覆盖率
遥信动作正确率=所有自动化开关通信变位与终端SOE记录匹配总数/所有开关通信变位记录数	FA成功率 =（馈线自动化成功执行事件数量/馈线自动化启动数量）×100%

图 7-73　系统实用化运行指标图

74

4. 电网接线图

配电自动化系统的电网接线图包含变电站接线图、开关站接线图、环网柜接线图、配电室箱式变压器接线图、10kV 线路接线图、自愈线路、自定义接线图等各类接线图的显示及操作。

电网接线图主界面如图 7-74 所示，单击主菜单一次接线图，下拉菜单可选择项目进入。

图 7-74　电网接线图主界面

单击主菜单一次接线图，下拉菜单选择变电站，即可进入变电站接线图界面，如图 7-75 所示。

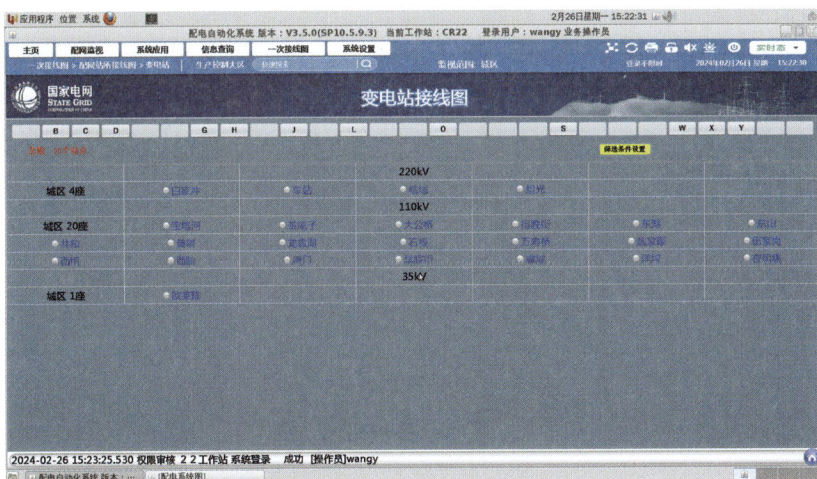

图 7-75　变电站接线界面

单击进入变电站后，可以看到变电站画面，线路图和主网保持一致，数据从主网 EMS 实时转发，画面空白位置单击右键可以查询整个站的遥信、遥测一览表，如图 7−76 所示。

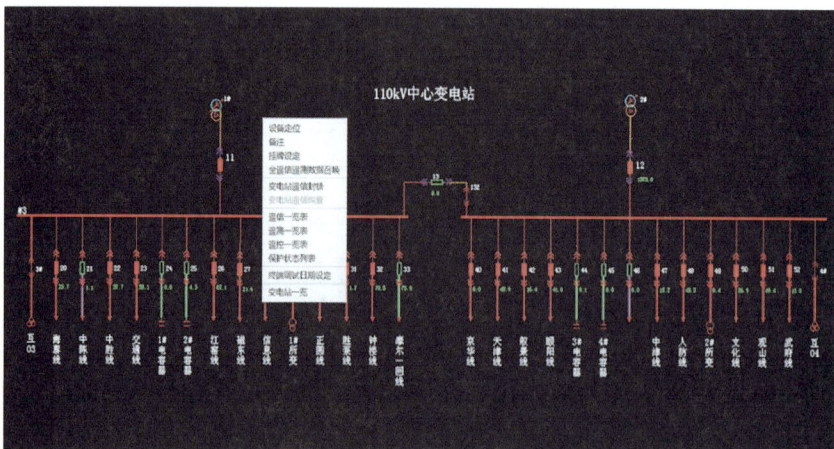

图 7−76　110kV 中心变电站线路图

单击进入开关站/环网柜后，可以看到开关站/环网柜画面，如图 7−77 所示，设备名为黑色表示该设备是非自动化设备，设备名为蓝色表示该设备是自动化设备。

图 7−77　开关站/环网柜等接线图

设备名前面有符号代表不同的通信方式，符号的颜色代表终端的在线状态。

双击设备名，就可以进入开关站/环网柜所在 10kV 单线图中，如图 7-78（a）所示。

单击设备名，可进入开关站/环网柜内部接线图如图 7-78（b）所示，内

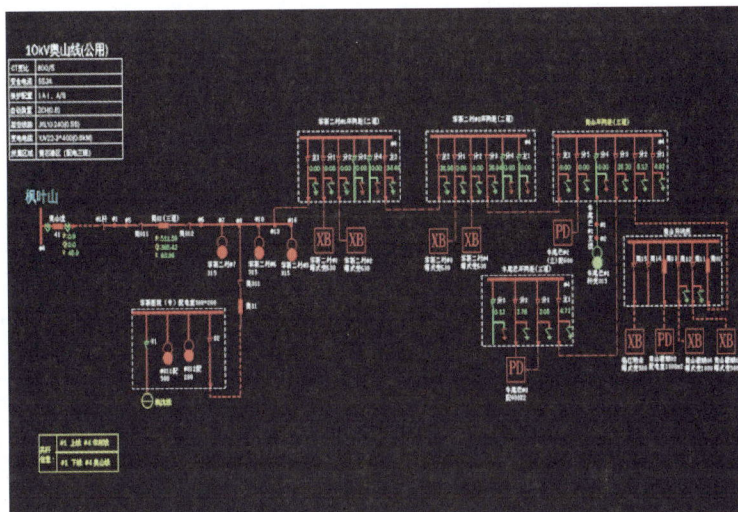

(a) 10kV 开关站单线图

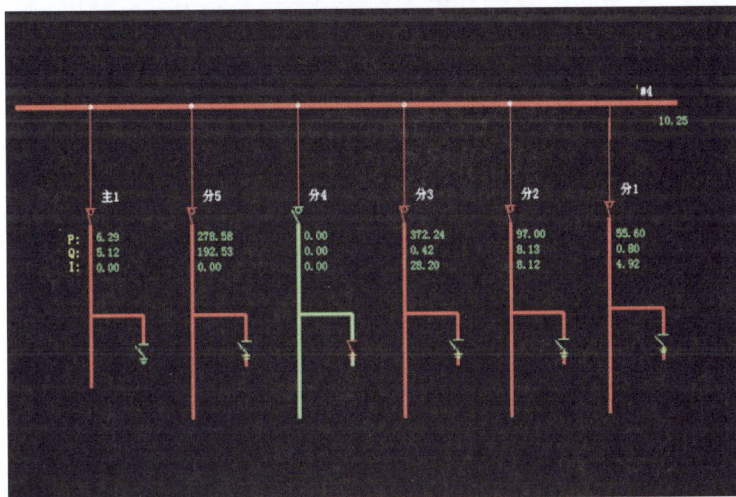

(b) 环网柜内部接线图

图 7-78　开关站/环网柜内部接线图

部接线图中，有 P/Q/I 遥测标签，直观显示各项数据，单击开关可以看到这个开关详细遥信遥测信息。在该界面可以查询遥测曲线，进行遥控，挂牌人工置位等操作。如需查看这个 DTU 采集的所有信号，可以在空白位置单击右键查询整个站的遥信、遥测一览表。

小区配电室、箱式变接线图界面和环网柜开关站界面类似，如图 7-79 所示。但是设备没有上自动化，定位显示内部接线图的方法与环网柜操作方法也一样。

图 7-79　小区配电室接线图

配电 SCADA 是配电运行监控系统的基础功能，系统可以实时监视配电设备的各类运行参数、遥信、遥测信息、配电设备负荷曲线和负荷统计。

10kV 线路图中，线路名蓝色表示该线路是自动化线路，黑色表示非自动化线路，如图 7-80 所示。

界面中可以通过首字母筛选快速查找线路，也可以进行关键字查询，单线图/环网柜分类等方式对所有线路进行筛选，单击筛选条件设置，会弹出筛选条件选择窗口，如图 7-81 所示。

图 7-80　10kV 线路接线图

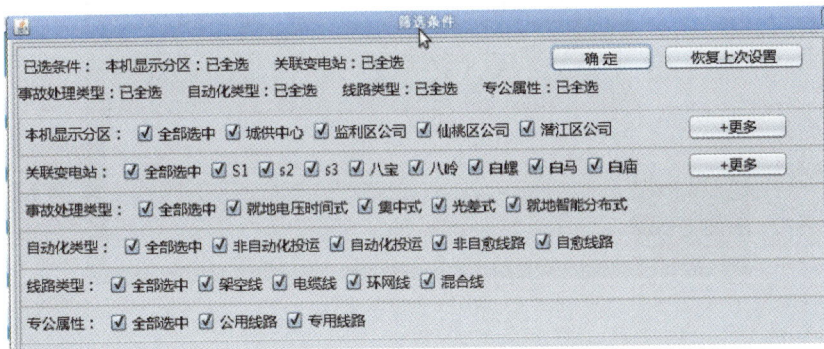

图 7-81　快速查找线路方式图

可以通过线路所在分区、所在变电站、事故处理类型、自动化类型、线路类型等多种方式对线路进行筛选分类。

双击线路名，可以在接线图中展示出该单线图，如图 7-82（a）所示；单击线路上自动化开关，可以查阅设备的运行参数，测量信息，画面中也会展示出联络线路；单击线路名，可以直接跳转到联络对侧线路，如图 7-82（b）所示。陈家湾路线图如图 7-83 所示。

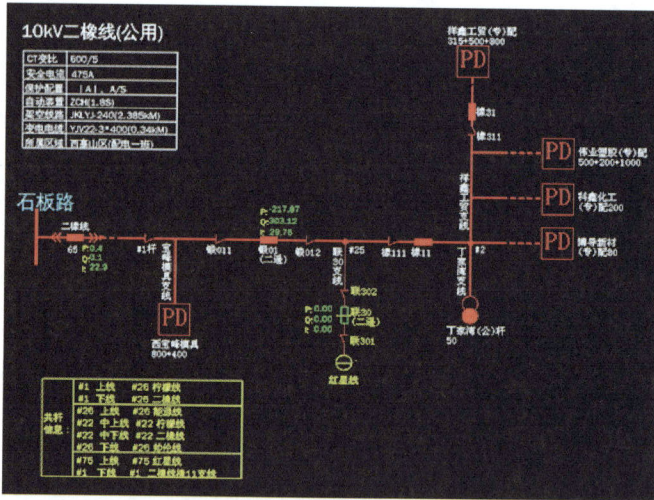

（a）单线图

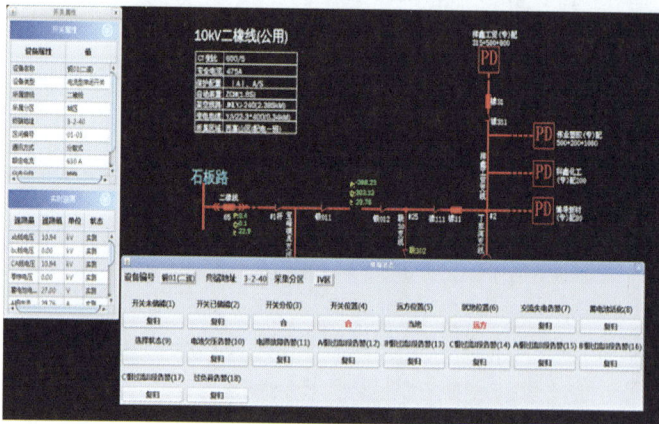

（b）联络对侧线路

图 7-82　二橡线线路图

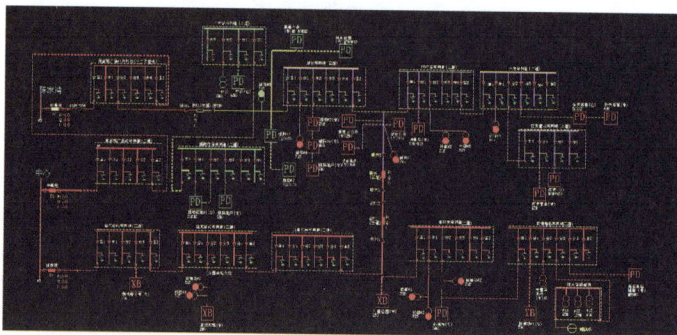

图 7-83　陈家湾线路图

不同线路颜色的定义见表 7-14。

表 7-14 线 路 颜 色 定 义

红色	绿色	黄色	紫色	蓝色
带电状态	停电状态	线路故障	转供线路	合环

开关的颜色所表示的含义有不同,具体含义如图 7-84 所示。

如图 7-85(a)所示,右键单击开关,选择"遥测曲线"→"历史遥测曲线",可以查看设备的电流曲线。系统支持查阅设备的今日、昨日及某日的遥测曲线,如图 7-85(b)所示。

对于具备遥控条件的自动化开关,可以实现遥控操作。对于配电线路设备,主要的遥控操作种类包括合、分、蓄电池活化等。

图 7-84 开关颜色定义图

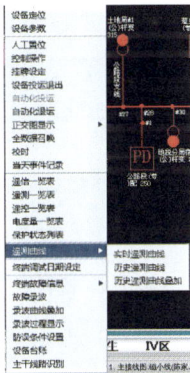

(a)遥测曲线选择

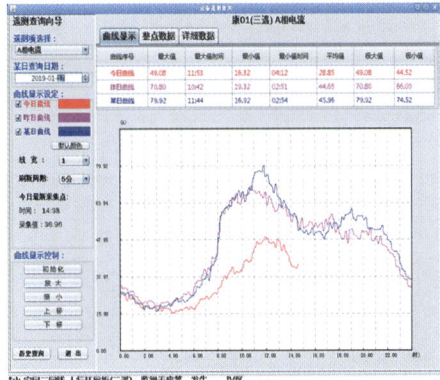

(b)遥测曲线显示

图 7-85 康 01(三遥)遥测曲线图

进行控制操作前,需要确认设备状态:

(1)确认遥信列表中开关远方/就地位置信息,开关处于远方位置才能进行遥控操作,如图 7-86 所示。

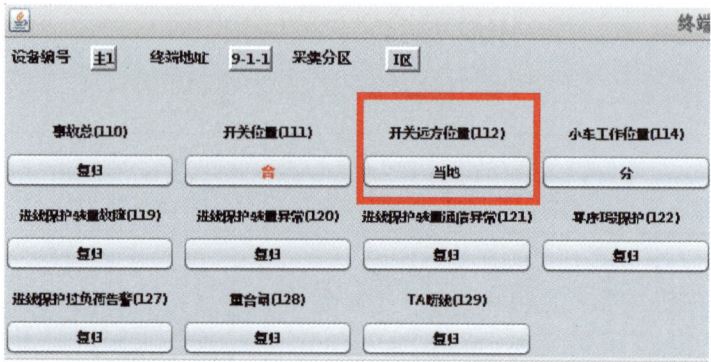

图 7-86　确认开关位置信息

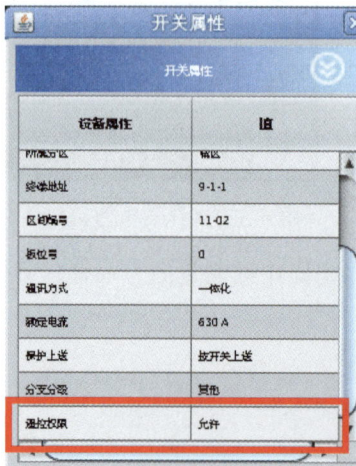

图 7-87　开关遥控权限状态信息

（2）检查开关属性中遥控权限状态，值为"允许"时，才能进行遥控操作，如图 7-87 所示。

操作控制时需要注意以下几点：

（1）右键需要进行遥控的设备，单击控制操作，如图 7-88（a）所示。

（2）弹出操作员，监护员认证界面，可以选择单席认证，或者双席认证，如图 7-88（b）和图 7-88（c）所示。

（3）密码验证完成后，弹出控制操作

（a）控制操作　　　　　（b）单席认证　　　　　（c）双席认证

图 7-88　操作顺序图

页面，选择合/分操作，单击设定快捷，如图 7-89 所示。

（4）操作警告窗口如图 7-90 所示，弹出"操作警告"窗口；单击继续操作，弹出预置操作界面，如图 7-91 所示。

5. 调度远方操作防误

在调度远方操作防误方面提供多种类型的远方控制自动防误闭锁功能，包括基于预定义规则的常规防误闭锁和基于拓扑分析的防误闭锁功能。支持在数据库中针对每个控制对象预定义遥控操作时的闭锁条件；支持通过网络拓扑分析设备运行状态，约束调度员安全操作，如图 7-92 所示。

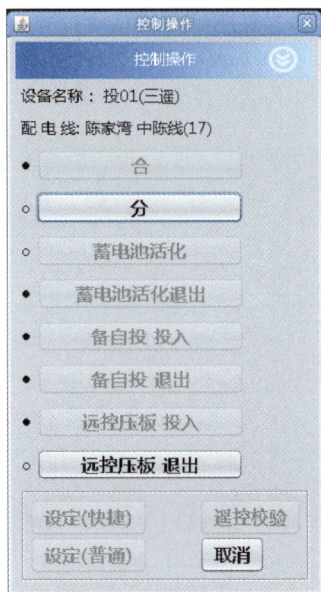

图 7-89 合/分操作控制

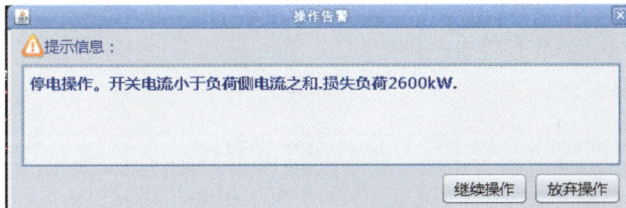

图 7-90 操作警告窗口

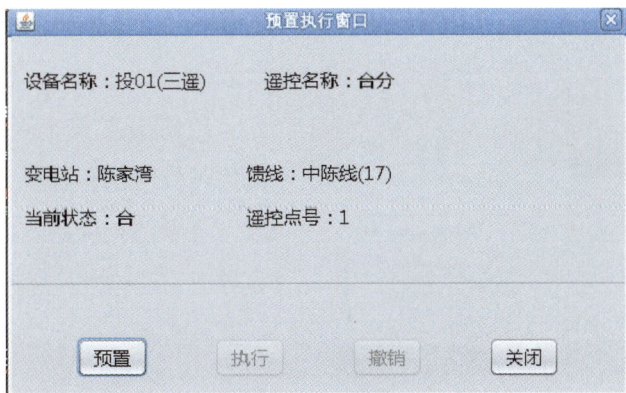

图 7-91 预置窗口

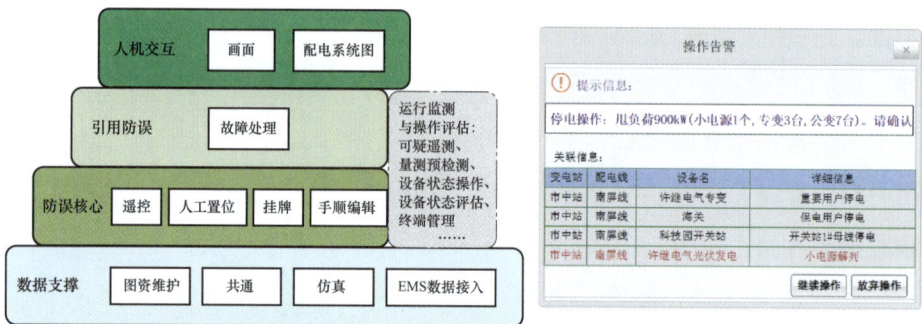

图 7-92　远方控制自动防误闭锁功能图

6. 置数和挂牌操作

置数包括人工置位和遥测置数。

人工置位：对各种不具备遥信号采集或者通信中断的开关，可以对其进行开关合分位置的设定，使其与现场运行状态一致。人工置位时一旦设备的通信恢复正常，设备将显示实时信息，人工设定的置位信息将被实时信息顶替掉。

遥测置数：对系统可以采集的各种模拟量，在通信异常时或无通信时，为了保持与现场状态一致，可以对各种模拟量设定参数，作为参考应用的参数。系统可以对站内、站外各种遥测量进行设定。

当需要对某个设备进行人工置数时使用鼠标右键点选"人工置数"，如图 7-93 所示，进入密码校验界面，密码校验通过后显示人工置数界面，根据需要完成人工置数的选择和设定，设置完成后开关位置和人为设定的保持一致。

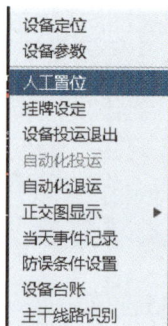

当需要对某个设备进行人工置数时使用鼠标右键点选"遥测置数"，如图 7-94 所示，进入密码校验界面，密码校验通过后可人为输入遥测数值，设置完成后遥测数值和人为设定的值保持一致。

"系统应用"菜单中用鼠标单

图 7-93　人工置数　　图 7-94　遥测置数

击"置数、置位一览表"按钮，进入"置数、置位一览表"界面，如图 7-95
所示。

图 7-95 置数、置位一览表

挂牌操作：

当需要对某个设备或者线路进行挂牌操作时使用鼠标右键点选"挂牌设
定"，进入密码校验界面，密码校验通过后显示挂牌设定界面，显示各种可以
选择的挂牌信息，如图 7-96 所示；根据挂牌要求，完成相应挂牌。同样，
可以对所挂指示牌根据需要解除挂牌，即摘牌操作。

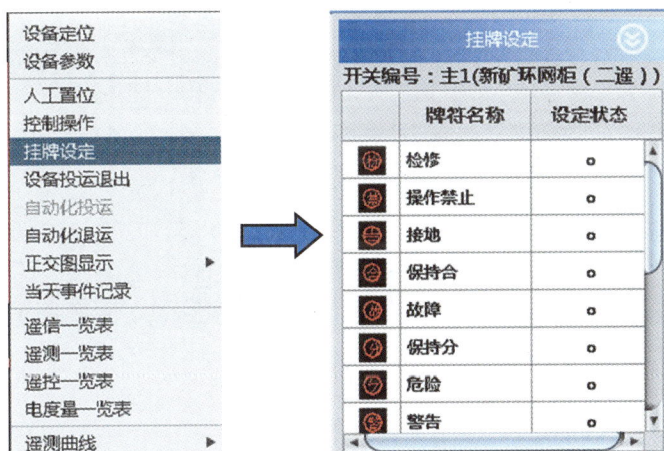

图 7-96 挂牌设定界面

"系统应用"菜单中用鼠标单击"挂牌信息"按钮，进入"挂牌信息一览
表"界面，如图 7-97 所示。

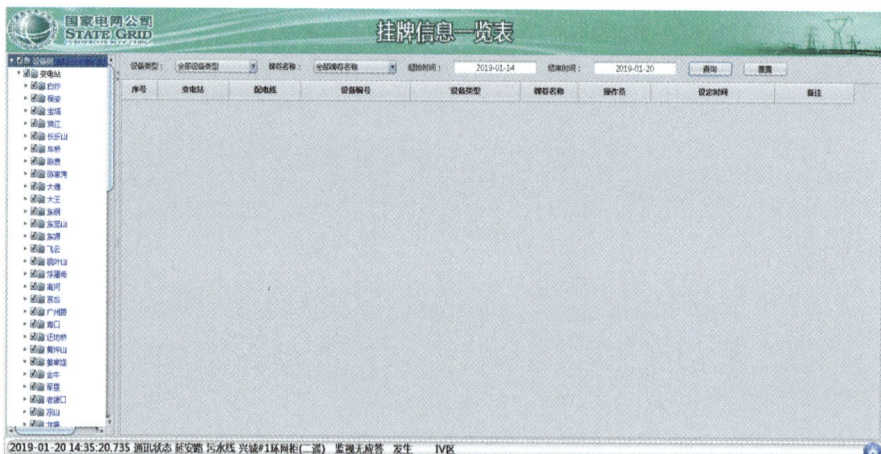

图 7-97　挂牌信息一览表

7. 自愈线路图

自愈线路是指当该条配电线发生事故时，可以自动完成事故定位、隔离，非事故区间的自动转供，而不需要任何人为的干预。自愈线路接线图，如图 7-98 所示，主要集合了系统中的所有自愈线路。

图 7-98　自愈线路接线图

8. 自定义线路图

可以设置调度员关心的线路为自定义线路，在此页面中展示，如图 7-99 所示。

9. 信息查询

信息查询主要集中了系统内各类数据信息的查询和筛选等功能。信息查询主要分记录查询、综合查询、设备查询三个模块，如图 7-100 所示。

图 7-99　自定义线路接线图

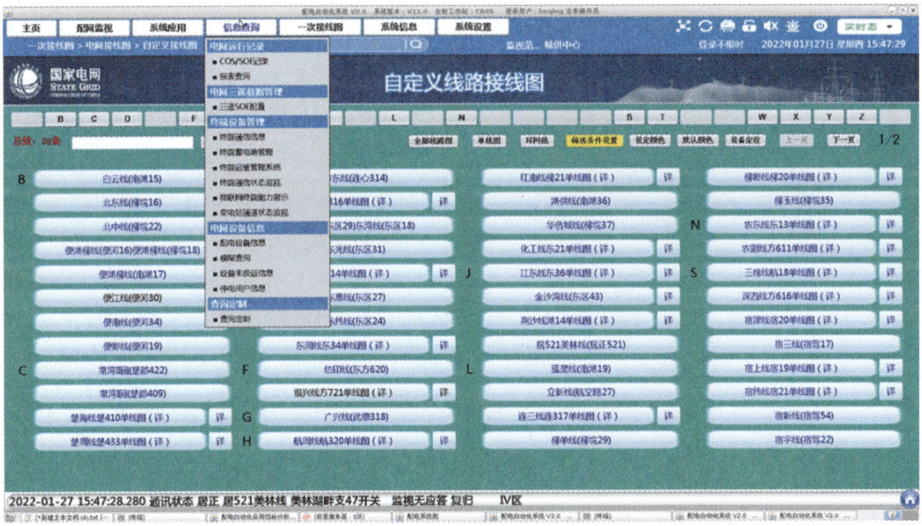

图 7-100　信息查询界面

　　左屏主菜单画面，单击菜单栏上的"信息查询"按钮可以出现下拉菜单，可查询的信息名称一览表。

（1）COS/SOE 记录。

1）事件记录：系统收集到现场报文后按照事件先后顺序处理的遥信记录

或系统操作、切换等系统自身操作告警记录等生成的记录。

2）SOE 记录：收集到现场设备上传的带时间标识的现场终端的状态变化信息所生成的记录。

3）单击 COS/SOE 记录，进入记录界面中，等级告警方式定义：可以定义上告警窗的告警等级。

4）监控模式设置：可以选择具体哪些信息可以进告警窗，告警颜色可以自定义。

可以按照时间查询记录，选择看一四区记录。

5）设备定位：在任意一条事件记录上单击鼠标右键，在弹出菜单中选择"设备定位"功能，或者双击任一条事件记录，可以在右屏的配电系统图上迅速定位出该事件记录所关联的设备，如图 7-101 所示。

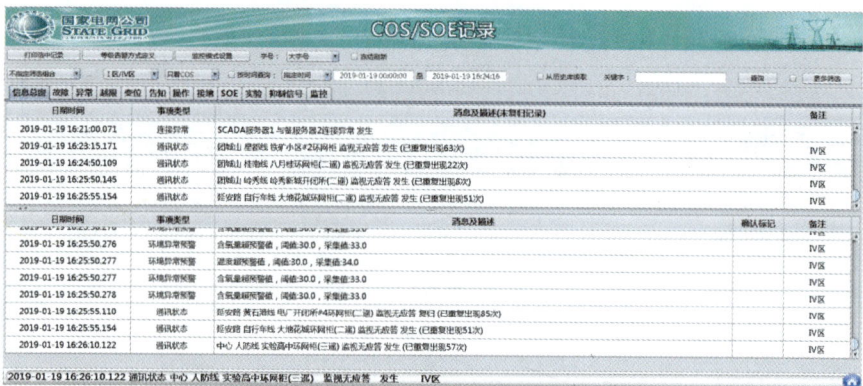

图 7-101 COS/SOE 记录界面

（2）综合查询。综合查询包括模糊查询和报表查询。模糊查询，主要是用于查找并定位所关注的设备。可以按设备类型进行查询；也可以输入关键字，查询与该关键字匹配的各类设备、或选定的某类设备。查询后双击选定记录可以很快在系统右屏上定位该设备，如图 7-102 所示。

配电设备查询是按照设备的特征分类，把满足某一分类条件的信息按照一定的方法组合一起进行分类显示和处理，如图 7-103 所示。

配电设备台账标签页，按照设备类型，投运状态，通信状态等进行分类统计，如图 7-104 所示。

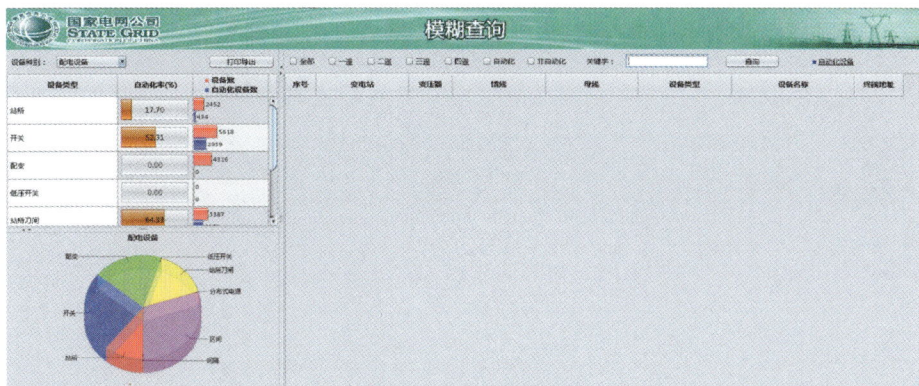

图 7-102　模糊查询

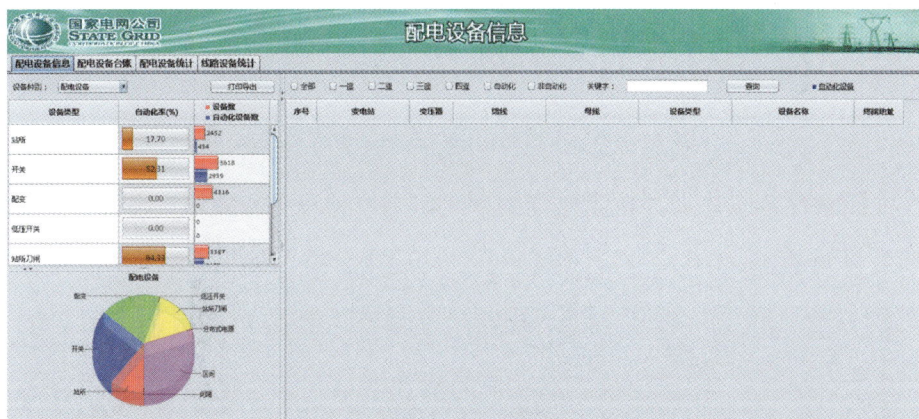

图 7-103　配电设备查询

图 7-104　不同分类下配电设备信息统计界面

配电设备统计页，按照设备类型、线路类型等进行统计，如图 7-105 所示。

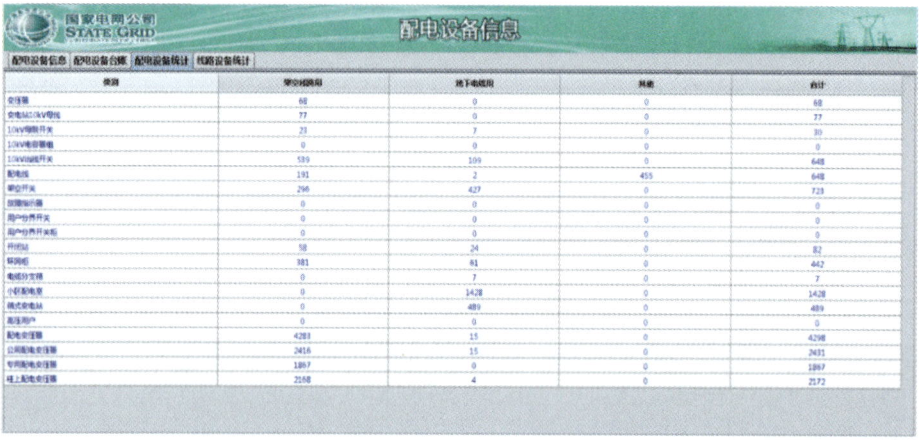

图 7-105　按设备类型、线路类型统计界面

线路设备统计页，按照变电站，线路等统计设备数量与设备属性，如图 7-106 所示。

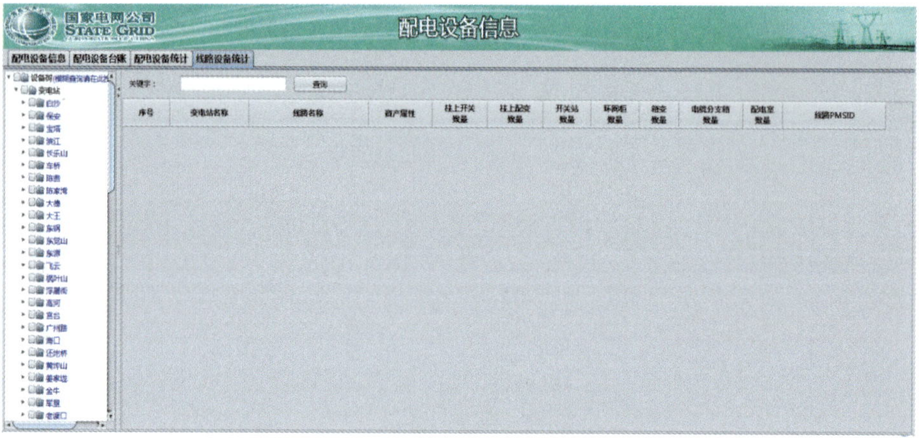

图 7-106　设备数量与设备属性统计界面

（3）报表查询。报表查询是配电 SCADA 中的重要组成部分，区别于配调工作站上的常规查询功能，报表查询具有可查周期长（不低于 3 年），整定方便，样式灵活，操作简单等优点。

包括负荷数据、报表定制、报表查询、其他功能等 4 个子功能。

1）负荷数据。由图 7-107 可查看变电站、开闭站、分界室等设备的负荷数据。可进行查询数据、打印报表、导出 Excel 等操作。

图 7-107　负荷数据界面

负荷数据部分可以查询所有自动化设备在过去一段时间内的电流、电压等基础数据遥测值。也可以根据需要生成日报表、周报表、季报表等，统计出对应时间段的最大值、最小值，以及最大值、最小值等发生的时间。数据采集的默认周期为 5min，可以根据需求自行整定。负荷数据报表中关注的具体字段信息也可以根据需要自行选择。

负荷数据部分采用目录树形结构，按设备逐层选择，在关注的设备上单击鼠标左键，即可选中。也可通过模糊查询的方式，输入关键字，单击"查询"，在查询结果中双击设备，可以快速定位到设备树中。

在选定要查询的设备后，选择要查询的基础数据的类型（日基础数据、日报表数据、周报表数据等）和查询日期，系统就可显示负荷数据查询信息。

2）报表定制。在实际应用中，往往要对特定的设备，特定的信息进行特殊关注，为实际用和决策提供数据支撑，这时可以对报表进行定制，并能够按时打印、保存。此时需要报表定制，如图 7-108 所示。

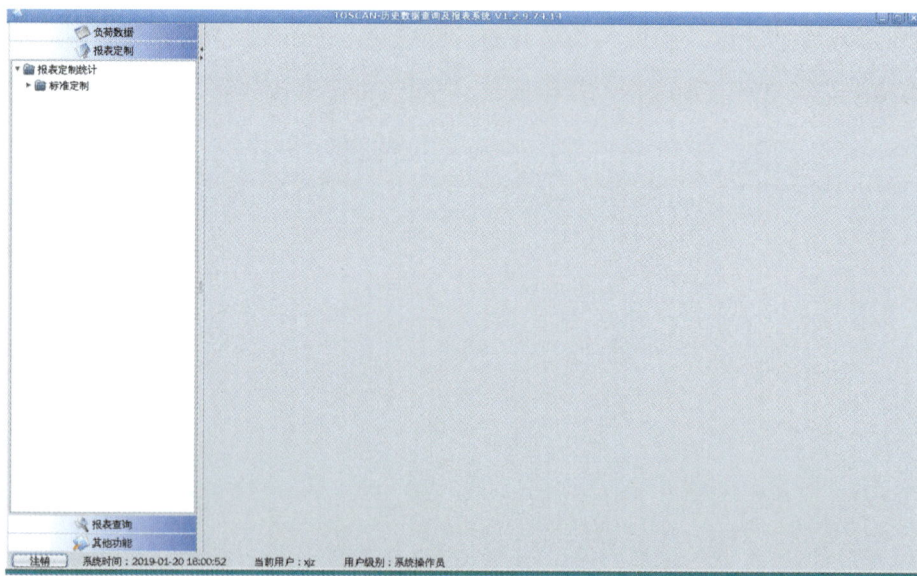

图 7-108　报表定制界面

在报表查询中，可以对常规的事件记录，SOE 数据、事故记录等信息不做处理分析按时间列出展示，形成一个历史数据展示的报表，如图 7-109 所示。

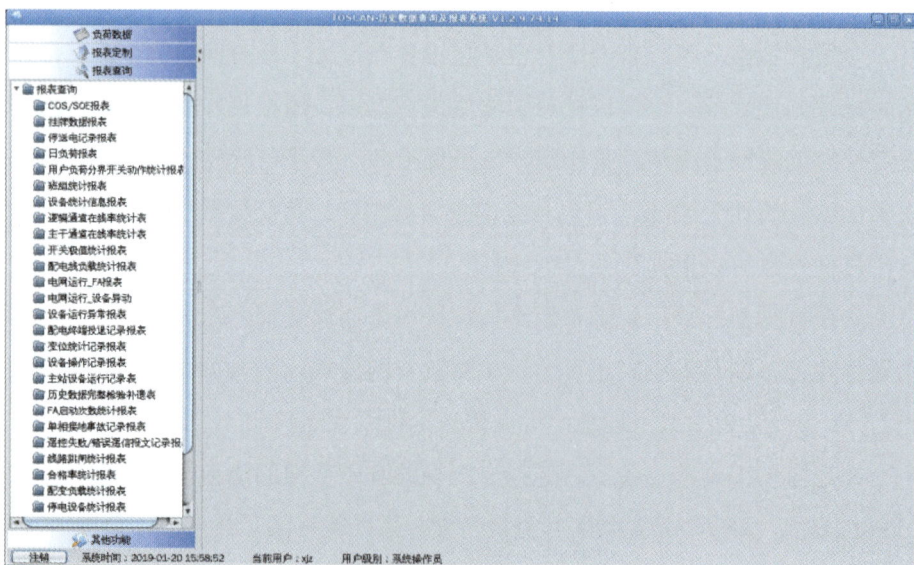

图 7-109　历史数据展示报表

3）终端信息查询。"信息查询"菜单中用鼠标单击"终端通信信息"按钮进入终端通信信息界面。终端通信状态监视页面按照终端通信方式、终端投运状态、终端类型等方式统计出终端总数、在线终端数、离线终端数等信息，如图7-110所示。

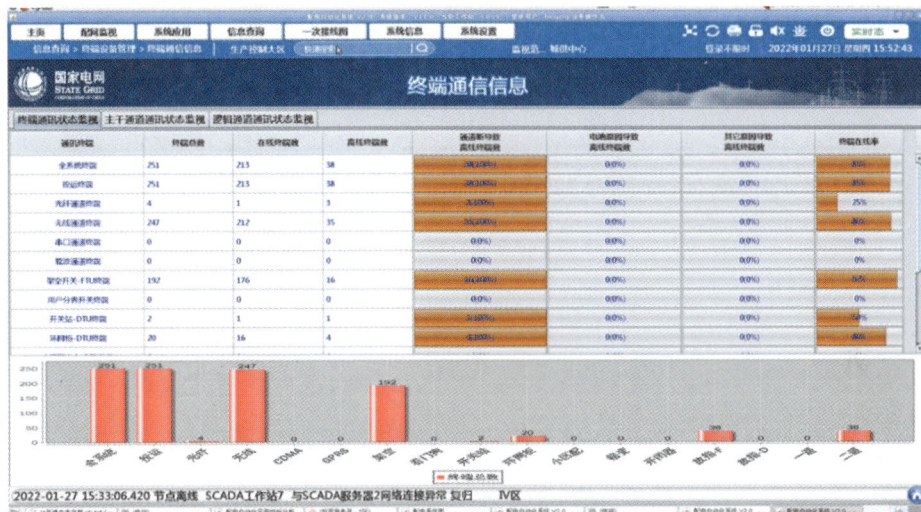

图7-110　终端通信信息界面

主干通道通信状态监视页可以监视系统主干网通道状态，截图中显示出有无线、光纤两种终端接入方式，如图7-111所示。

图7-111　主干通道通信状态监视界面

逻辑通道通信状态监视页可以监视系统中具体的终端通道状态。包含通信方式、规约类型、通道容量、实装终端数、通信状态、异常时间等信息，如图 7−112 所示。

图 7−112　逻辑通道通信状态监视界面

终端通信状态监视页双击任意分类类型，会弹出终端通信明细界面。在此界面可以按照设备类型、终端状态、规约类型、通道编号、通道类型、通道状态、分区、投运状态等方式筛选终端查询终端状态，如图 7−113 所示。

图 7−113　终端通信明细界面

94

在此页面也可以进行在线率统计，统计出每个终端在不同时间段的在线率，如图 7-114 所示。

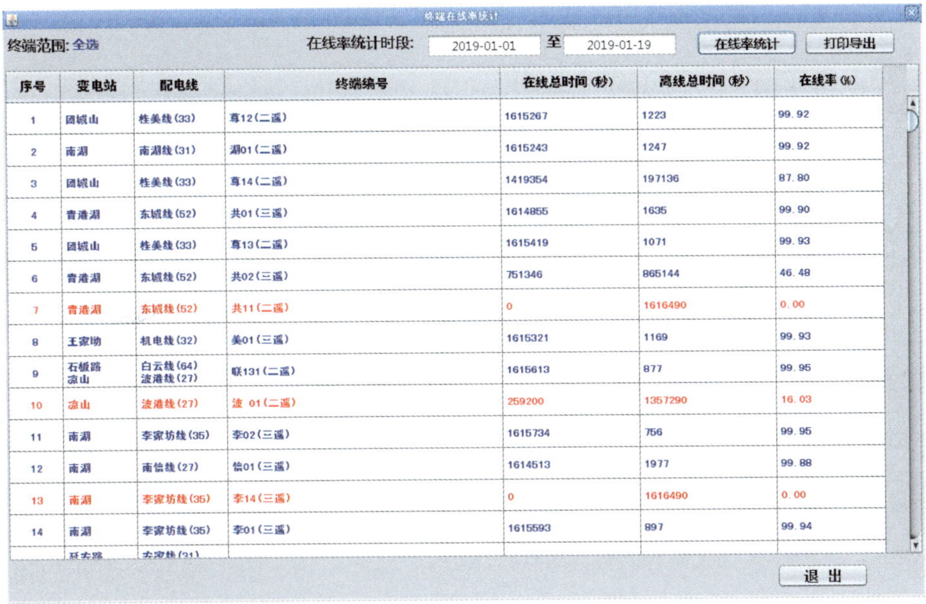

序号	变电站	配电线	终端编号	在线总时间 (秒)	离线总时间 (秒)	在线率 (%)
1	团城山	桂美线(33)	葺12(二遥)	1615267	1223	99.92
2	南湖	南湖线(31)	湖01(二遥)	1615243	1247	99.92
3	团城山	桂美线(33)	葺14(二遥)	1419354	197136	87.80
4	青港湖	东城线(52)	共01(三遥)	1614855	1635	99.90
5	团城山	桂美线(33)	葺13(二遥)	1615419	1071	99.93
6	青港湖	东城线(52)	共02(三遥)	751346	865144	46.48
7	青港湖	东城线(52)	共11(二遥)	0	1616490	0.00
8	王家垴	机电线(32)	美01(三遥)	1615321	1169	99.93
9	石板路 凉山	白云线(64) 波港线(27)	联131(二遥)	1615613	877	99.95
10	凉山	波港线(27)	波 01(二遥)	259200	1357290	16.03
11	南湖	李家坊线(35)	李02(三遥)	1615734	756	99.95
12	南湖	南信线(27)	信01(三遥)	1614513	1977	99.88
13	南湖	李家坊线(35)	李14(三遥)	0	1616490	0.00
14	南湖	李家坊线(35)	李01(三遥)	1615593	897	99.94

图 7-114　每个终端在不同时间段的在线率

10. 合环监视

“配网监视”菜单中用鼠标单击“合环监视”按钮，进入“合环监视一览表”列表，如图 7-115 所示。

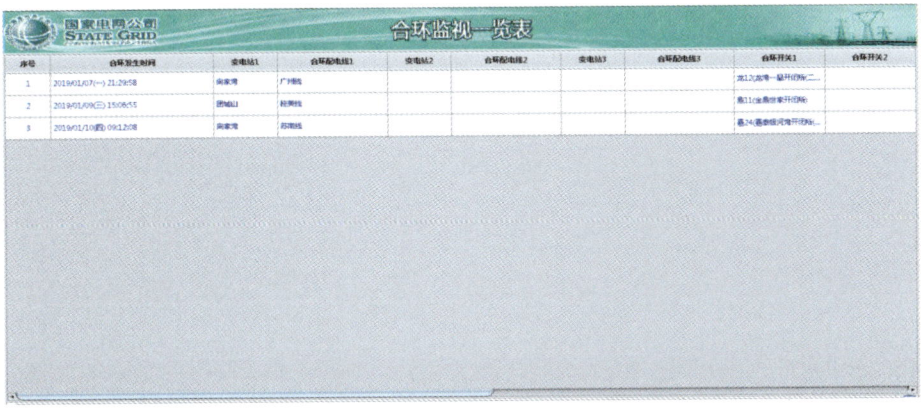

图 7-115　“合环监视一览表”列表

11. 数据质量控制

"配网监视"菜单中用鼠标单击"数据质量控制"按钮，进入"数据质量控制"界面，如图 7-116 所示。

图 7-116 "数据质量控制"界面

数据质量控制方面：数据一致性校验界面如图 7-117 所示。

图 7-117 数据一致性校验界面

12. 过负荷监视

在"配网监视"菜单中用鼠标单击"过负荷监视"按钮，进入"负荷监视图"界面，如图 7-118 所示。

过负荷监视是对当前电流值过负荷状态和 2h 后电流预测值过负荷状态进行监视的页面。

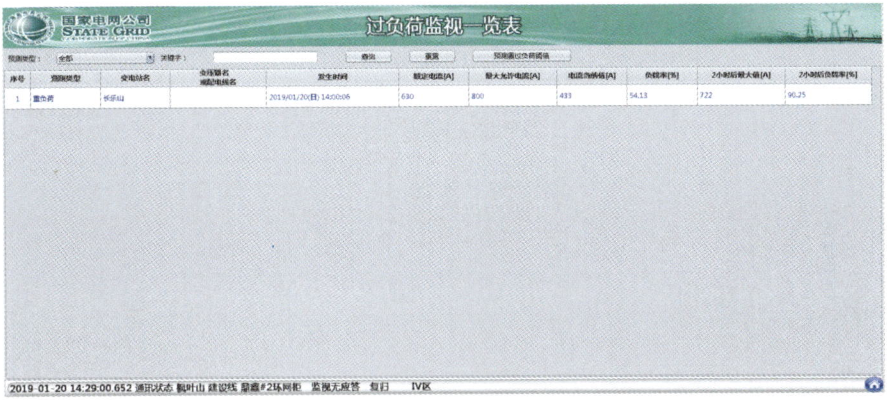

图 7-118　过负荷监视一览表

在"系统应用"菜单中用鼠标单击"电网负荷转供"按钮，进入"电网负荷转供"界面，如图 7-119 所示，通过创建负荷转供任务，系统进行分析计算出负荷转供方案供参考选择。

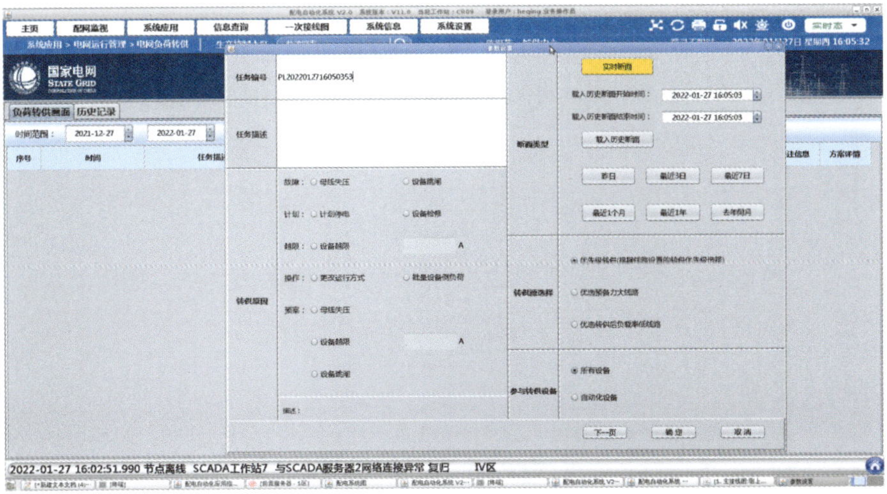

图 7-119　电网负荷转供界面

13. 系统应用操作

（1）历史数据管理。在"系统应用"菜单中用鼠标单击"历史数据"按钮，进入"历史数据管理"界面，如图 7-120 所示，可以对全数据或者各种数据进行备份/恢复。

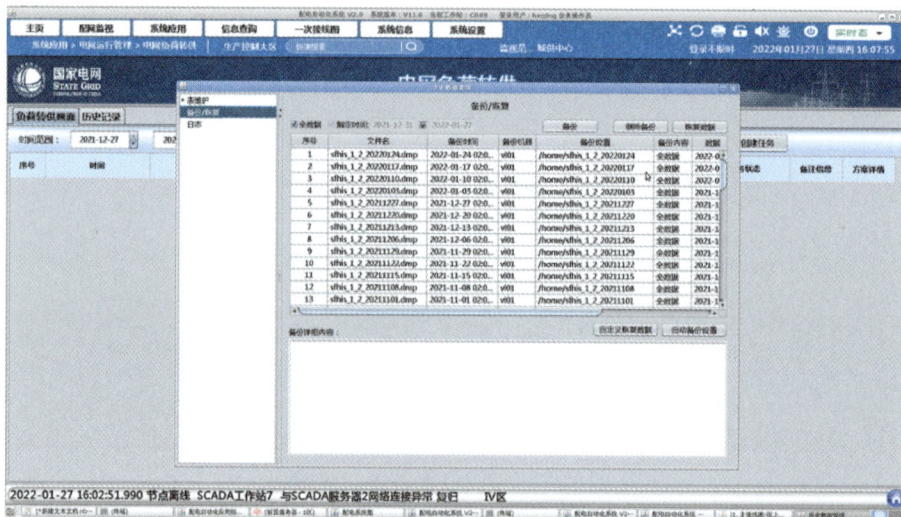

图 7-120　历史数据管理界面

（2）合环操作设定。在"系统应用"菜单中用鼠标单击"合环操作设定"按钮，进入"合环操作设定"界面，如图 7-121 所示，可以对线路分别设定合环操作方式。

图 7-121　合环操作设定界面

（3）自愈线路设定。在"系统应用"菜单中用鼠标单击"自愈线路方式设定"按钮，进入"自愈线路方式设定"界面，如图 7-122 所示，此界面是对自愈线路的全局设定。

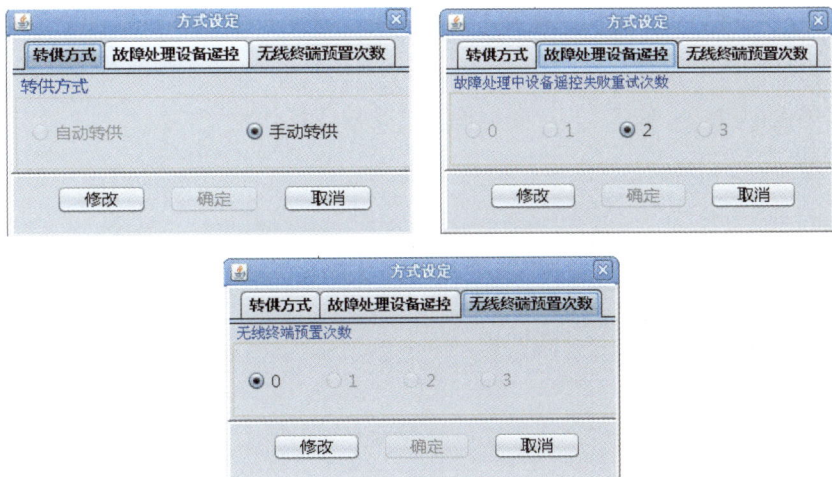

图 7-122 自愈线路方式设定界面

在"系统应用"菜单中用鼠标单击"记录和报警设定"按钮，进入"记录和报警设定"界面，如图 7-123 所示，记录和报警设定包括变电遥信、变电遥测、配电遥信、配电遥测、系统遥信、语音/系统遥信、可疑遥测、自定义公式、故障/异常。

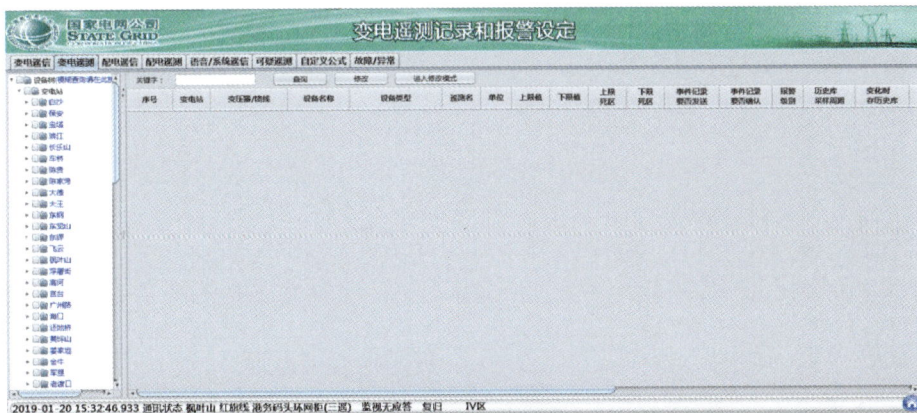

图 7-123 记录和报警设定界面

1）变电遥信。

查询：输入关键字查询条件，单击"查询"，在变电遥信事件记录和报警设定一览表中显示符合条件的变电站的遥信事件记录。

进入修改模式：单击"进入修改模式"，才能对变电遥信事件记录和报警设定进行修改参数。

修改：单击"修改"，对变电遥信进行修改操作。

图7-124所示为变电遥信操作界面。

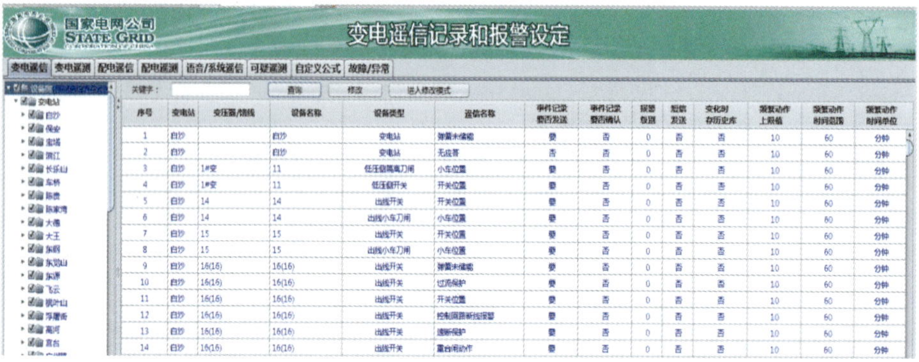

图7-124 变电遥信事件记录和报警设定一览表

查看变电站的遥测事件记录和报警设定。操作方式同变电遥信，其操作界面如图7-125所示。

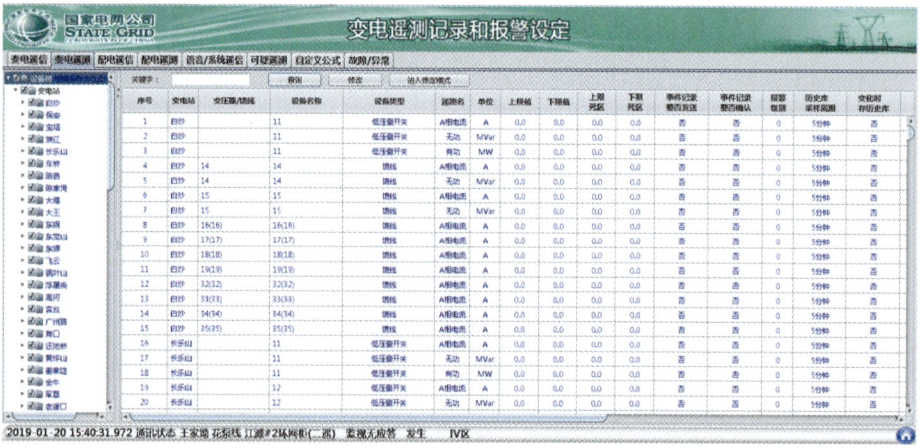

图7-125 变电遥测事件记录和报警设定一览表

2）配电遥信/遥测。查看配电自动化设备的遥信事件记录和报警设定。操作方式同变电遥信，其操作界面如图 7-126 所示。

图 7-126 配电遥信事件记录和报警设定一览表

7.4.4 事故处理

事故处理功能是指系统在发生配电线路故障时，系统自动判定事故、自动或半自动的方式隔离故障区间，使停电范围最小，并对由故障造成的非事故停电区间进行负荷转供，以及事故解除后恢复到故障前运行方式的处理过程。

系统能够处理单一线路故障，同时也能够处理多重线路故障。系统在进行负荷转供时，支持多级负荷转移决策，即配网故障发生后，系统执行故障处理程序，当转供线路负荷较重，不能转带故障线路的非故障区间负荷时，启动多级负荷转移决策程序，系统根据拓扑分析、负荷预测、潮流计算的计算结果和电压降等约束条件，先将转供线路的部分负荷转移到另一条线路，再转带故障线路的非故障区间负荷，进行链球式多级负荷转移。系统能够考虑多重因素，采取多重措施，确保配电网的稳定运行。

图 7-127 所示为电网故障监视界面。

1. 事故监视

电网事故监视功能主要监视和处理在 10kV 线路上发生的事故，系统根

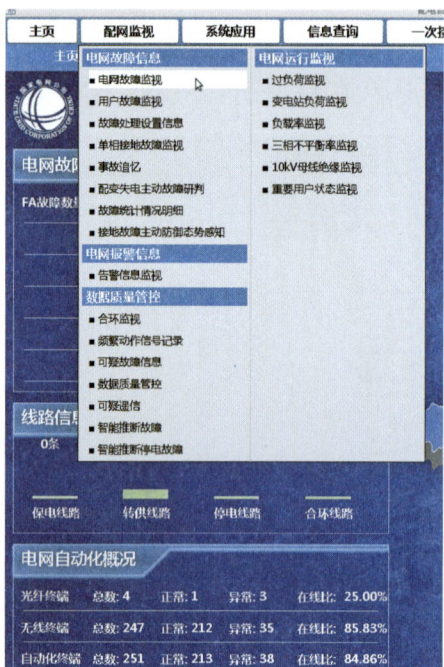

图 7-127 电网故障监视界面

据各个分段开关控制器上送到主站的保护信号、告警信号、开关的合分信号等，来综合判定事故区间，然后隔离事故区间，恢复非事故区间的供电。

"事故记录表"中主要记录与事故有关的提示信息，包括事故发生时刻、事故所属变电站名、配电线名、事故内容、事故区间和事故停电信息等，如图 7-128 所示。

"事故处理程序表"是对应左侧事故记录表中指定一项事故记录显示和编辑该事故处理程序功能，如图 7-129 所示。其中包括事故各项处理程序的操作编号、操作设备编号、操作内容、执行时间、执行结果和报警信息等。

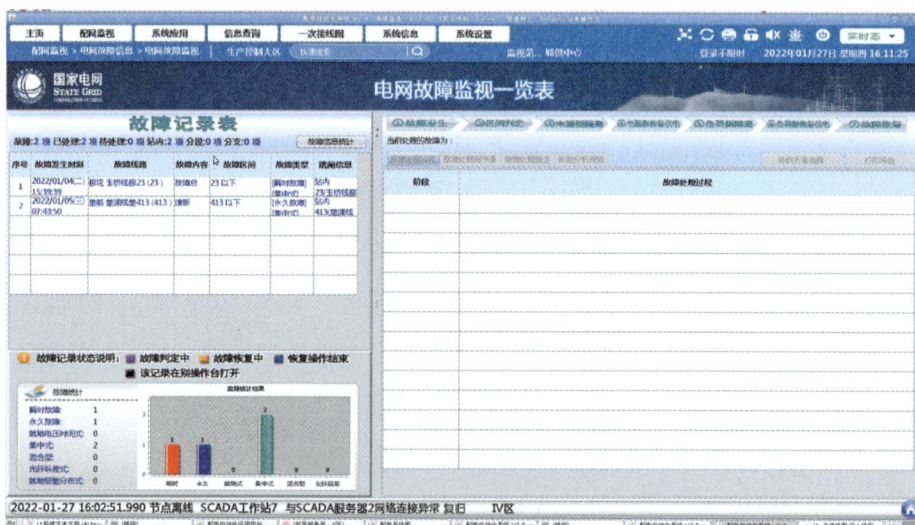

图 7-128 电网故障记录界面

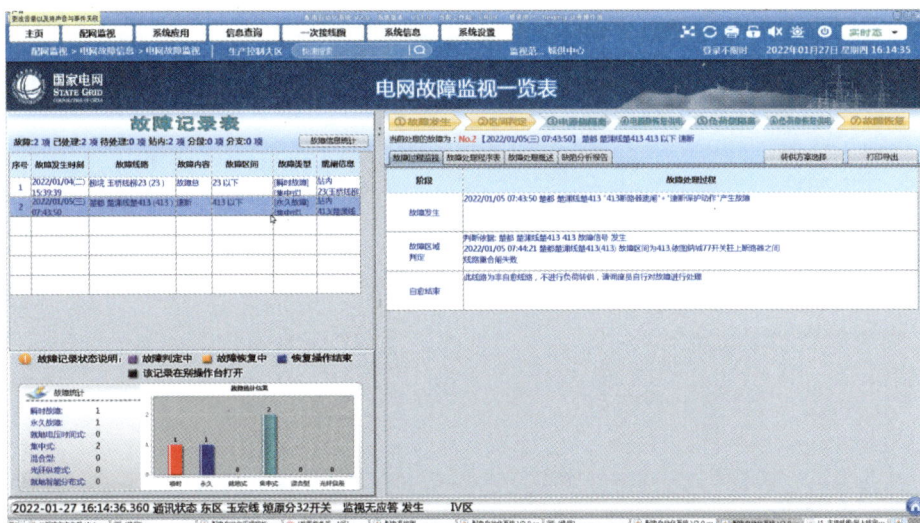

图 7-129　事故记录主要信息

在事故记录表有一个右键菜单，该菜单涵盖了一些事故处理的常用操作，主要包括事故处理和事故信息查看，如图 7-130 所示。

图 7-130　事故处理与查询界面

单击"事故定位"菜单项后，系统自动显示出该条事故记录相关的事故区间所在的电气一次接线图以及事故区间所在地理位置，如图 7-131 所示。

单击"停电信息一览"菜单项后，显示该条事故发生时，造成的用户停电信息。

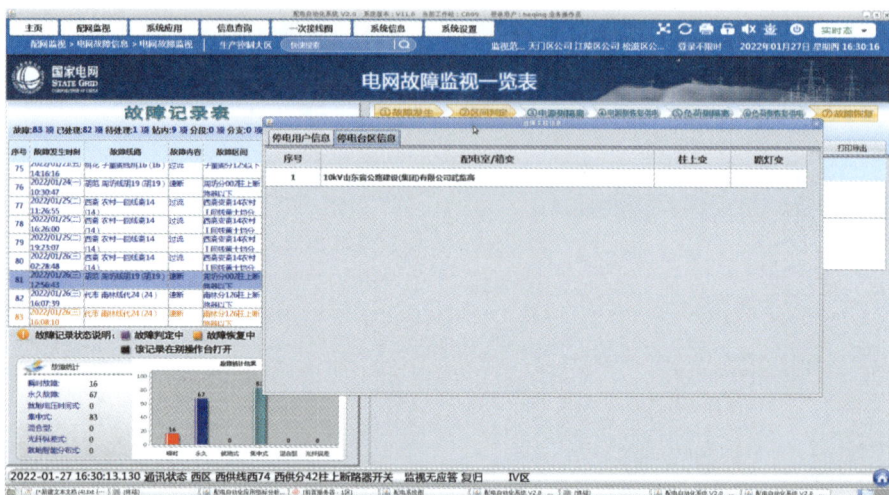

图 7-131　事故定位与停电信息界面

单击"事故详细记录"菜单项后，界面弹出事故详细记录窗口，显示当前事故相关的事件记录和事故关键记录，如图 7-132 所示。

图 7-132　事故详细记录窗口

"事故处理程序表"是详细反映某一条事故记录相关的事故处理信息表。表格的上方有一个固定的面板，上面有"事故发生""事故处理""事故解除""事故恢复"和"事故结束"五个状态提示灯，如图 7-133 所示。它们通过在一次侧的亮灯，来反映当前处理的事故所处的事故处理状态。

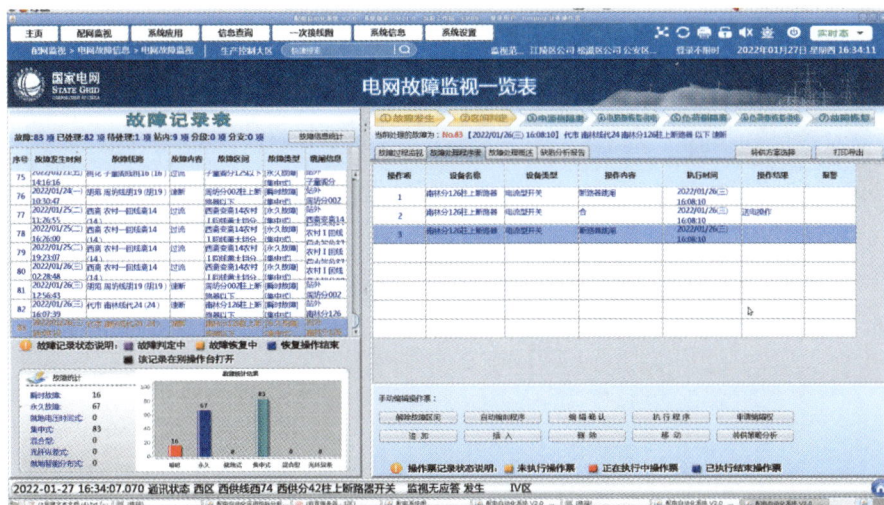

图 7-133　事故处理程序界面

在"事故处理程序表"的下方设置有一个固定的面板，该面板包括了一些事故处理的常用操作，主要包括解除事故区间、自动编制程序、编辑确认、执行程序、试送电投入、导出程序和手动编辑操作票等，如图 7-134 所示；单击任意项系统向导会提示用户完成该项操作。

图 7-134　事故处理的常用操作信息

单击"解除故障区间"按钮后，自动化系统根据当前事故对应的信息，解除相关故障区间的事故标志，并且将区间的事故发生的黄色恢复成停电待恢复的绿色，如图 7-135 所示。

图 7-135　解除故障区间后信息表

单击"自动编制程序"按钮后，自动化系统通过对事故发生过程和设定逻辑的分析，在事故处理程序表中增加事故恢复所需要的操作程序。

单击"编辑确认"按钮后，自动化系统接受用户对当前事故处理程序编辑结果的确认，将编辑产生的操作程序加载在正式的事故处理程序序列中。

单击"执行程序"按钮后，自动化系统按照当前事故处理程序表中未执行的事故处理程序顺序，依次执行操作程序，如图 7-136 所示。

图 7-136　用户编辑当前事故处理程序界面

手动编辑操作票一栏中，可以通过操作，在事故处理程序表中，手动追加、插入、删除和移动列表中的操作程序。还可以在某两个操作程序中设置断点，控制事故处理程序的执行过程，如图 7-137 所示。

图 7-137　手动编辑操作票信息栏

单击转供策略分析，系统会分析提供符合转供策略分析表，如图 7-138 所示。

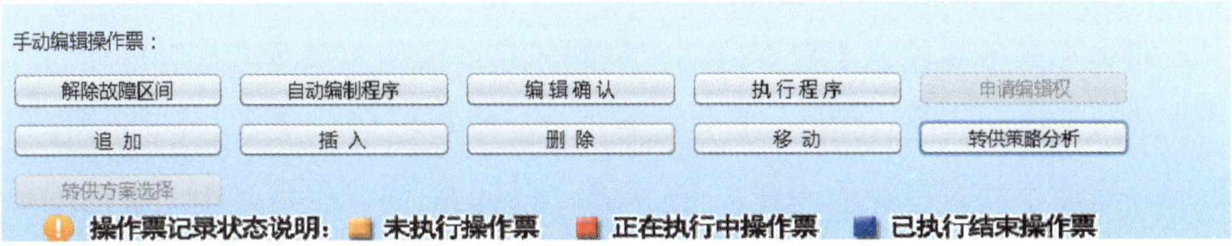

图 7-138　转供策略分析表

如果是手动转供的话，可以单击转供方案选择，系统会根据负荷与线路联络关系提供多条转供策略。

2. 事故处理阶段操作

在事故处理阶段，系统主要完成故障区间的判断、故障区间的隔离、非故障区间的负荷转供三大操作步骤。

107

（1）故障区间的判定。

1）故障发生时：系统自动推图、语音告警提示故障发生。左屏推出"电网事故一览表"，如图 7-139 所示。事件记录提示有事故时间、事故内容、事故发生时刻，右屏高亮居中显示停电线路。

事故记录表

当前事故：1 项 已处理：0 项 待处理：1 项

编号	事故发生时刻	事故线路	事故内容	事故区间
1	2011/01/30(日) 00:44:42	右安门 马连道路	事故总	

图 7-139　电网事故一览表

2）故障区间判定：系统根据终端上送的信息，结合故障判断程序，判定出事故区间、受影响的用户。

3）故障区间判定完后：左屏弹出"停电用户一览表"列出事故造成的所有停电用户的详细信息，右屏弹出正交图，并用黄色标识出故障区间。

整个事故判定的过程无须人工参与，系统自动完成。

（2）故障区间的隔离。对于具备三遥条件并且允许自动转供的线路，系统会自动根据网络拓扑分析、编制隔离操作和执行隔离票的操作，实现对故障区间的隔离，同时会对电源侧的非故障停电区间进行自动送电操作。其执行步骤，可在事故处理程序界面查看。

对于不具备遥控或不允许自动转供的线路：操作人员可选择半自动的方式完成故障区间隔离：操作人员可选择"自动编制程序"，系统自动生成操作步骤，然后手动执行操作步骤，进行故障区间的隔离。也可以用"手动编辑操作票"功能编制操作步骤，完成故障区间的隔离。

（3）非故障区间的恢复供电。对于具备三遥条件并且允许自动转供的线路，系统会自动编制和执行对负荷侧非事故停电区间送电的转供票。负荷转供完成后，如图 7-140 所示可右键点选事件记录，选择"事故处理程序"查看故障隔离、负荷转供的操作步骤。

对于不具备遥控或不允许自动转供的线路：操作人员可选择半自动的方式完成负荷转供。

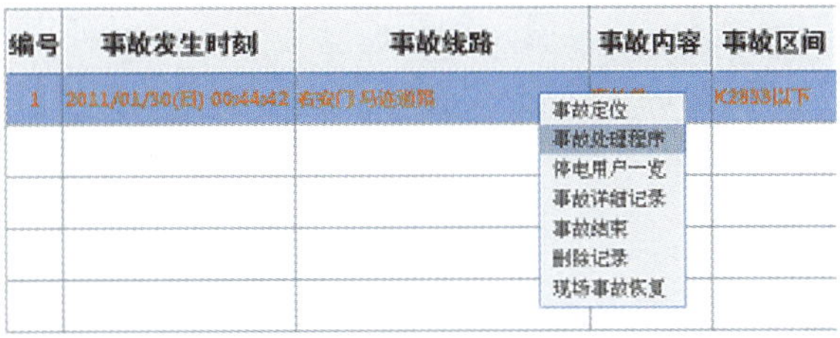

图 7-140 查看故障隔离、负荷转供的操作界面

3. 事故结束

待现场事故处理完毕后，系统主要进行事故区间的解除和事故前运行方式的恢复两步工作。

（1）事故区间的解除。现场的故障抢修完成后，操作人员可选择"解除故障区间"按钮，系统图的颜色由故障状态的颜色，变为正常的停电颜色，此时对故障区间的送电操作闭锁功能解除，即可完成对原"故障区间"的操作，进行"故障恢复"操作。

（2）事故前运行方式的恢复。对于具备遥控条件并且允许自动转供的线路，在执行对事故区间的送电操作票之后，系统会自动在"事故处理程序表"中生成恢复操作票（恢复到故障前的供电状态）。操作人员确认无误后，即可执行此操作票，如需进行调整，可使用"手动编辑操作票"功能进行调整。

对于不具备遥控或不允许自动转供的线路，操作人员可半自动完成故障恢复。

故障处理过程分析报告：全自动生成故障处理过程分析报告，包括故障发生时间、变电站、馈线、受影响客户、线路环网图、保护装置动作信息、线路遥测和遥信信息、系统判断结论、遥控输出与执行等，以图文结合的方式给出故障前、故障后、故障识别与定位、故障隔离、非故障区段恢复供电处理的全过程及综述性处理结论，如图 7-141 所示。

4. 仿真态下事故模拟

正常运行的线路，发生故障时，造成线路区间停电，同时现场终端设备上送开关跳闸及故障信号，如图 7-142 所示。

在故障发生后，系统启动事故处理程序，开始对事故进行处理。系统根据配电线路的拓扑关系和现场上传的故障信息，判断故障区间。

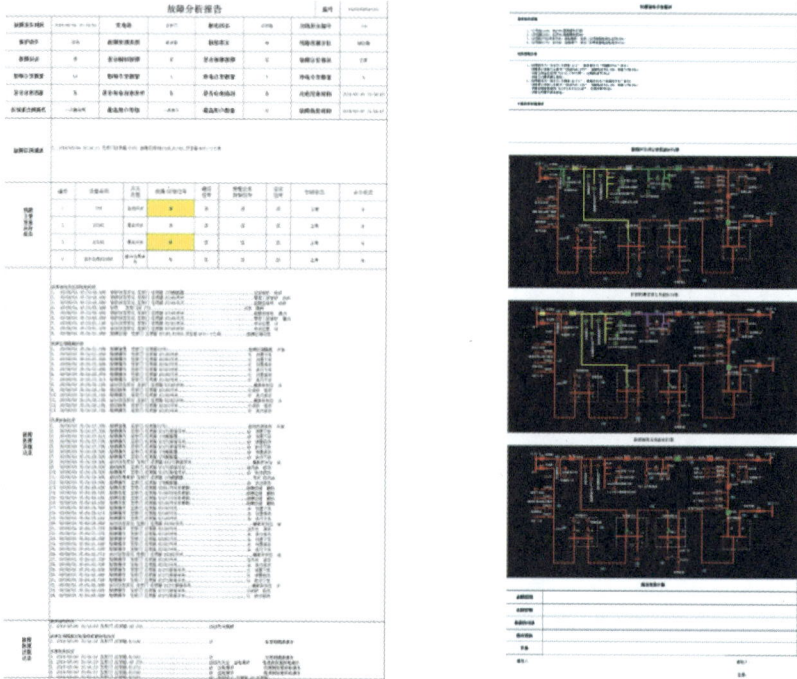

(a) 文字描述

(b) 原线路图

图 7-141 故障处理过程分析报告

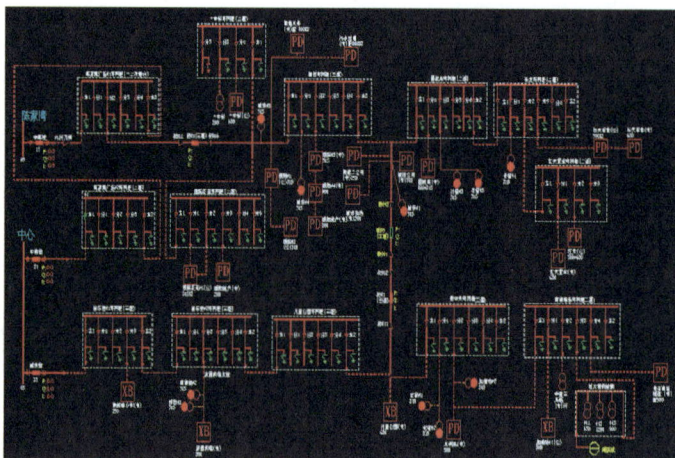

(a) 故障发生前电路

图 7-142 故障前后电路图的变化（一）

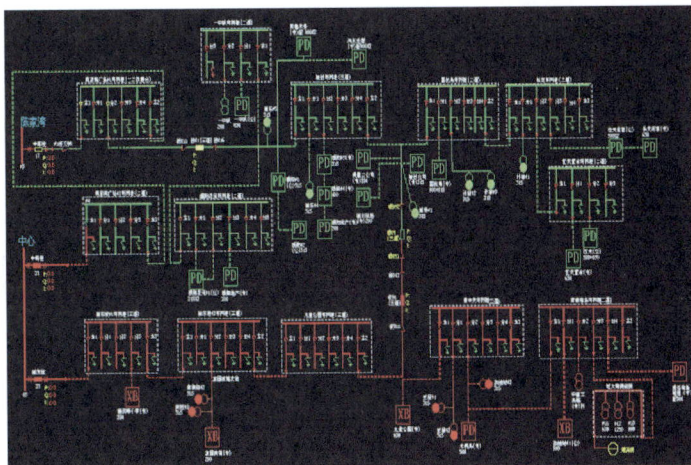

（b）线路发生故障后电路

图 7-142　故障前后电路图的变化（二）

在系统判断出故障区间后，系统下发遥控命令，对故障区间周围自动化开关进行遥控分操作，实现故障区间的隔离。

在系统完成故障区间的隔离后，系统检查事故线路和能提供转供电源的线路，结合转供条件，选择最优方案对非故障区间实现转供，实现非故障区间的恢复送电。图 7-143 为系统完成故障区间转供后电路图，图中紫色线路为转供线路，从而减小停电造成的影响，实现停电区域的最小化。

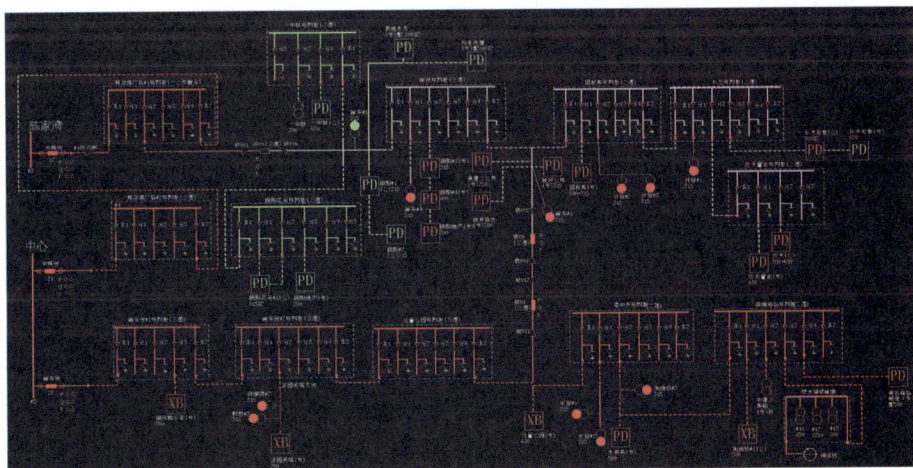

图 7-143　系统完成故障区间转供后电路图

5. 故障处理信息设置

"配网监视"菜单中用鼠标单击"故障处理信息设置"按钮，进入"故障处理信息设置"页面，如图 7-144 所示。

图 7-144　故障处理信息设置页面

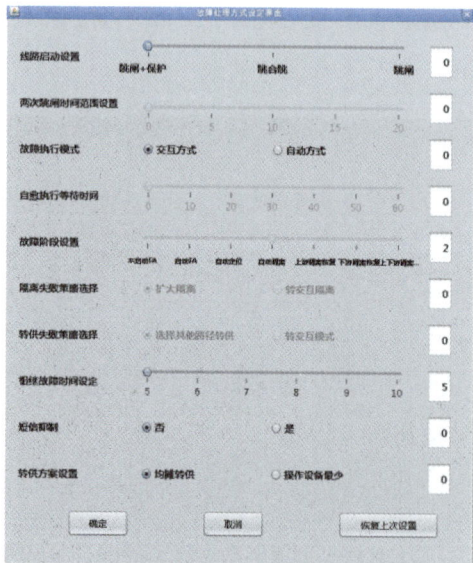

图 7-145　具体线路信息修改界面

在故障处理信息设置界面中可以对每一条线路的故障处理策略进行单独设置。

可以修改线路启动事故的设置、故障执行模式、自愈执行等待时间、故障阶段设置、隔离失败策略选择、转供失败策略选择、相继故障时间设定、转供方案设置，如图 7-145 所示。

在故障判定时间设定页面，可以对每一条线路的事故判定时间进行设定，如图 7-146 所示。

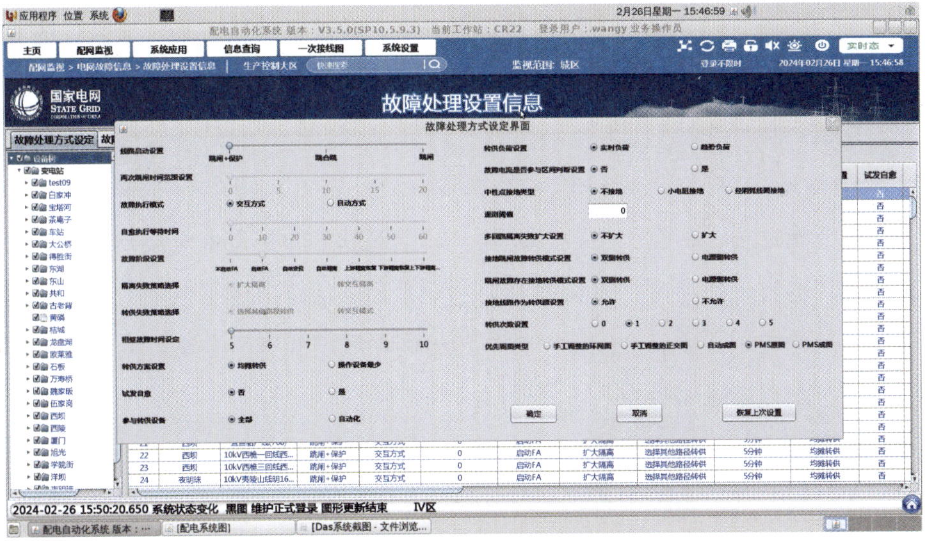

图 7-146　故障判定时间设定页面

7.5　配电自动化系统终端投退、图模操作

7.5.1　名词解释

1. 配电自动化主站

主站一区：（生产控制大区）光纤通信的自动化终端都接入配电自动化主站一区，无线通信且具备三遥功能的自动化终端都接入配电自动化一区，使用"一区通道"。

主站四区：（信息管理大区）2023 年之前的所有无线通信的自动化终端都已接入配电自动化主站四区，只能二遥，无法进行遥控操作。2023 年起需要将具备三遥功能的无线终端改接到"一区通道"，现该转区工作已完成。

2. 建通道

在"配电自动化系统"的三遥配置工具中，为自动化终端分配链路地址，并提供主站相应参数给联调人员，使得自动化终端能与主站建立通信。

3. 联调

在"配电自动化系统"的前置客户端中，查看自动化终端传给主站的数据，审核数据是否合格、遥控是否可控、定值是否可调，保障配调员正常监视、调控。

4. 四遥

四遥指遥信、遥测、遥控、遥脉。其中遥脉指的是具备线损计量装置或线损模块的自动化终端，将正向有功功率、日冻结总电能等电量数据上传给配电自动化主站，主站会同步将数据传给同期线损和省云主站，为近期重点工作，在配点表时需启用。

5. 推图

在"同源维护系统"新建任务，将 10kV 线路图模推送至"配电自动化系统"中。

6. 图模导入（红转黑）

在"配电自动化系统"的图模导入程序中，选择已接收的 10kV 线路图模，手动单击签收、导入按钮，将 10kV 线路图模存入数据库。

7. 投运

在"配电自动化系统"的图资维护程序中，将自动化终端与图模的环网柜、分支箱绑定，或将自动化终端与图模的柱上开关绑定，并选择相应的点表，使自动化终端的数据在配电自动化系统上展示。

7.5.2 终端建通道

（1）打开三遥配置工具，如图 7-147 所示，输入用户名和密码，登录。

图 7-147　三遥配置工具

（2）选择相应的通道。单击"前置配置"，进入"终端配置"界面，选择管辖范围的通道，单击"查询"，如图 7-148 所示。终端调试已预留很多通道，只需要按顺序填写自动化终端的信息即可，无须再手动增加、删除。

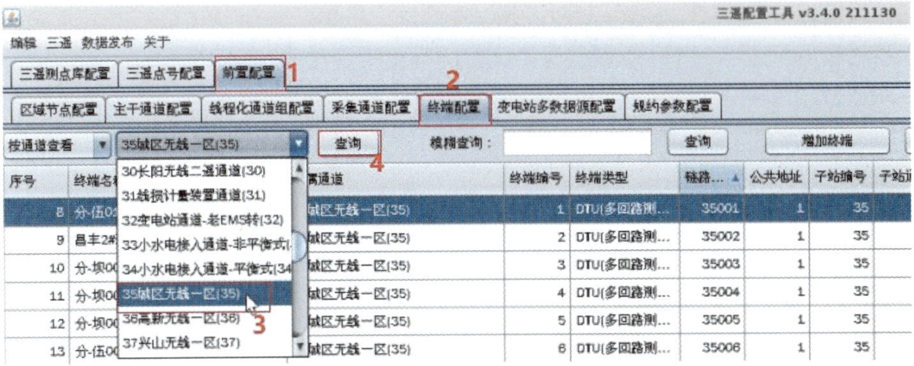

图 7-148　通道选择

（3）填写自动化终端信息。每个通道内已预留 100 行，都是按链路地址顺序排列，无须删除。模块 ID 该列指的是自动化终端所插卡的 IP 地址，已填写 IP 地址的表示该行已被占用，如图 7-149 所示，不要改动。

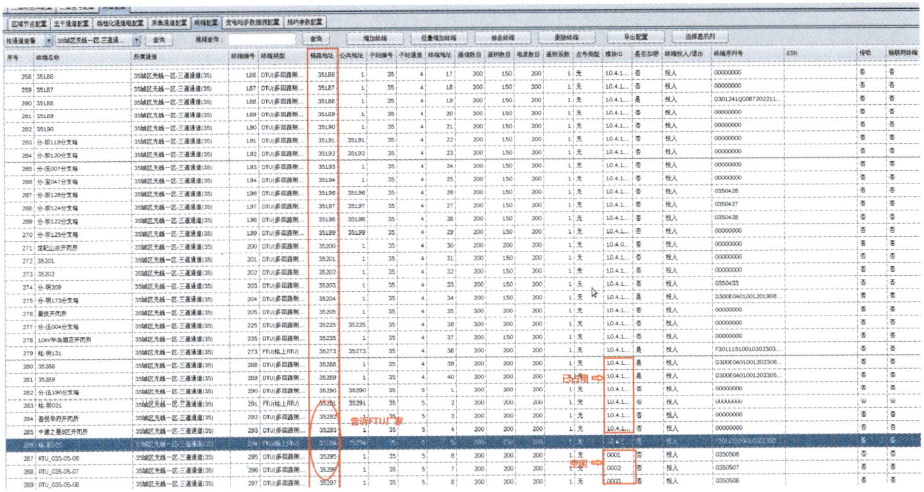

图 7-149　终端信息查询

下拉寻找模块 ID 中没有填写 IP，即没被占用的一行，记下该行的链路地址。待该设备的卡 IP 地址和证书返回后，填写在如图 7-150 所示的界面的模块 ID 和终端序列号中（双击打开）。

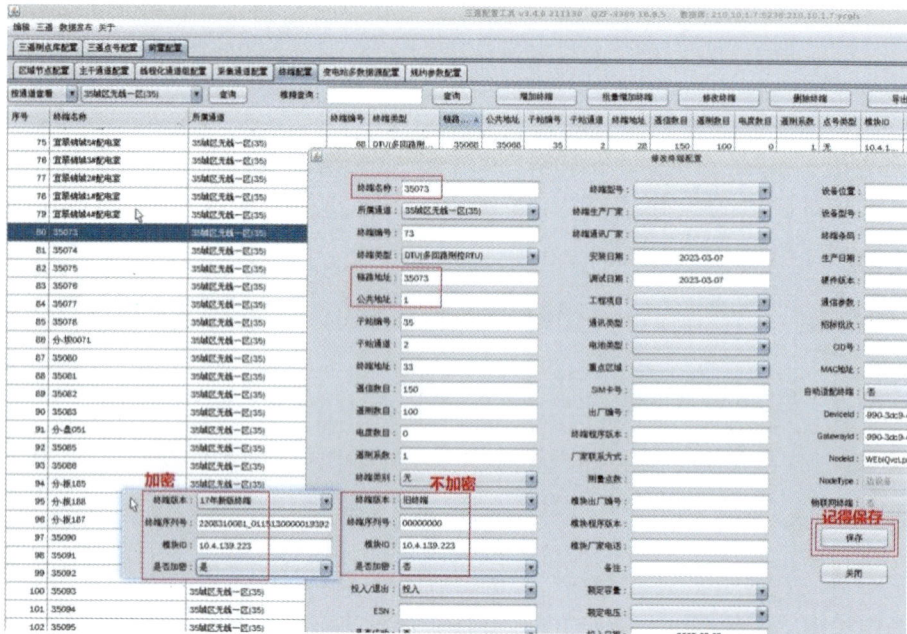

图 7-150　终端信息填写

1）终端名称：开关名称或者环网柜名称，若暂时无法确定就先填写链路地址。

2）链路地址、公共地址：按顺序排列，无须改动。

3）遥信数目、遥测数目、电度数目：均填 200。其中电度数目一定要填，否则带线损模块的自动化终端传给主站的电量数据无法正常显示。

4）遥测系数：1。

5）加密模式：选择 17 年新版终端、证书名称 F301258XX237202xxxx11729_011531000xxxxx，模块 ID 是自动化终端上插的卡的 IP 地址、是否加密选"是"；明文模式、不加密：将终端版本改为旧终端，是否加密改成"否"。

（4）保存数据，如图 7-151 所示。

1）单击左上角数据发布–前置全数据发布。

2）确定。

3）发布到所有服务器。

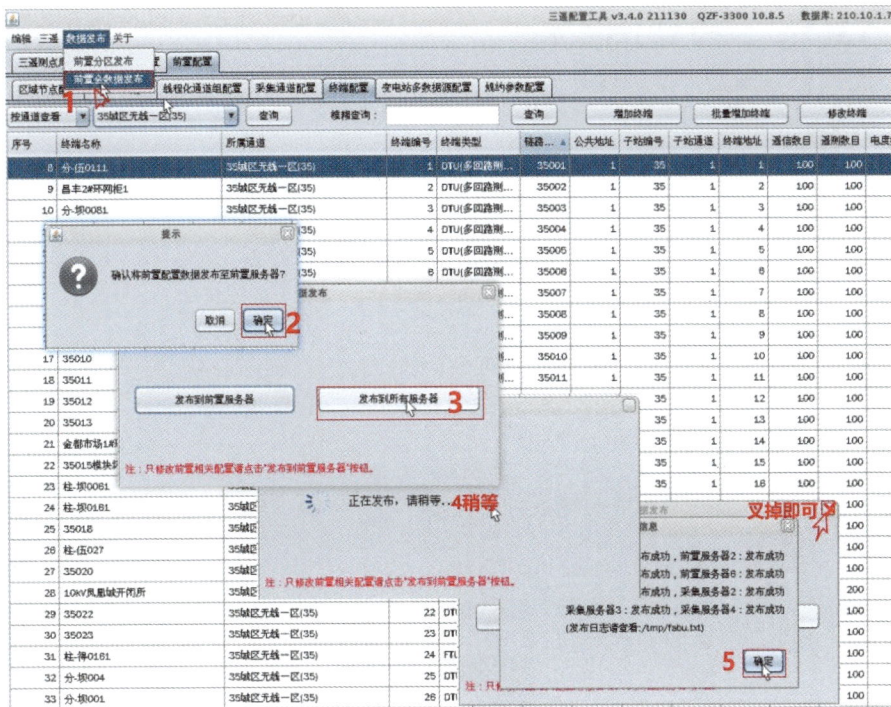

图 7-151　数据发布

4）正在发布，请稍等。

5）八台服务器全都显示"发布成功"，点确定，然后点右上角关掉小窗口即可，若显示发布失败，可能是 IP 配置不对或者证书没提前发给主站，请核对或者咨询主站。

到这一步新建通道就已完成，可以开始进行联调。

新建的通道可以在"前置客户端"查看，如图 7-152 所示。

7.5.3　联调对点

（1）打开前置客户端，双击桌面的"前置客户端"图标进入界面，如图 7-153 所示。

（2）在左侧列表选择要联调的自动化终端。进入界面后，单击"实时数据"，选择对应管辖的通道，双击展开。

一个通道下有很多个自动化终端，选择要调试的这台设备，查看实时遥信遥测数据，如图 7-154 所示。

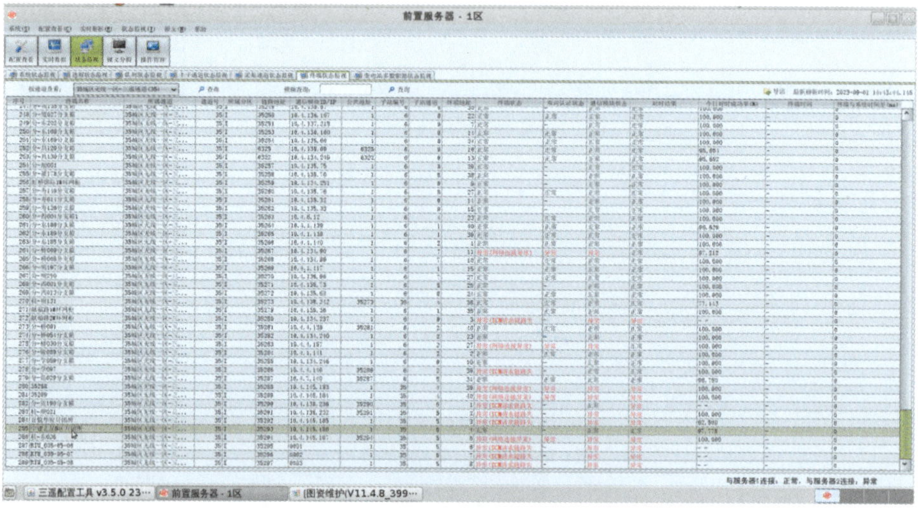

图 7-152　前置服务器查询

图 7-153　前置客户端图标

图 7-154　实时遥信、遥测数据

（3）查看数据，如图 7–155 所示。例如有 5 台自动化终端的证书和卡 IP 在上面步骤中已建立相应通道，联调人员在仓库准备完毕，开始调试。

图 7–155　实时遥信数值

1）遥信测试。在做自动化终端联调时请对照着点表模板查看，方便理解每个点号代表的意义。以省电力公司标准点表为例，如图 7–156 所示。

选择模板：省公司标准FTU点表　　选择子模板：省公司标准FTU点表

遥信配置　遥测配置　遥控配置　电量配置

遥信名称	自定义名称	是否配置	测点号	0 状态	1 状态	是否取反
001:开关位置	开关位置	●	1	分	合	否
002:闭锁状态	闭锁状态	●	32	复归	动作	否
003:弹簧储能状态	弹簧储能状态	●	3	已储能	未储能	否
004:远方/当地	远方/当地	●	6	退出	投入	否
005:故障总信号	故障总信号	●	16	复归	动作	否
006:A相过流	A相过流	●	28	复归	动作	否
007:B相过流	B相过流	●	29	复归	动作	否
008:C相过流	C相过流	●	30	复归	动作	否
009:速断保护	速断保护	●	18	复归	动作	否
010:重合闸动作	重合闸动作	●	37	复归	动作	否
011:零序保护	零序保护	●	22	复归	动作	否
012:开关分位	开关分位状态	●	2	分	合	否
013:蓄电池活化	蓄电池活化	●	7	否	活化中	否
014:相间保护	相间保护	●	20	复归	动作	否
015:速断告警	过流Ⅰ段告警	●	17	复归	动作	否
016:电池欠压	电池欠压	●	8	复归	动作	否
017:过流加速出口	过流加速出口	●	40	复归	动作	否

图 7–156　省电力公司标准点表

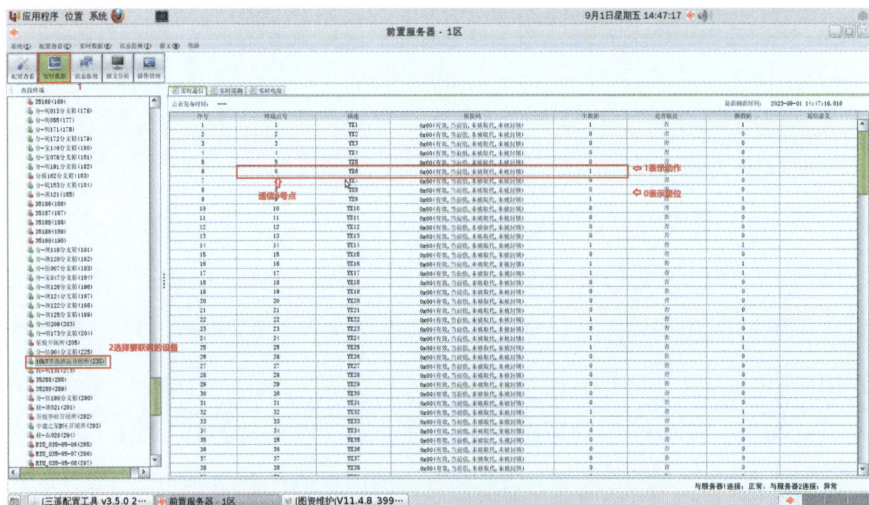

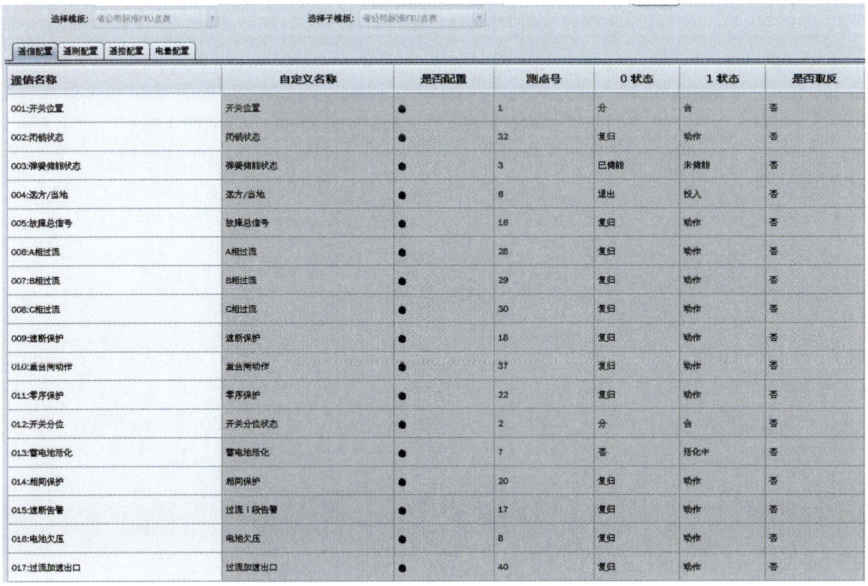

与联调人员保持电话联系，联调人员报点号，例如联调人员将自动化终端的远方/就地把手打到"就地"位置，同时大声地在电话里说"遥信6号点就地"，此时主站人员观察遥信第6行的生数据这里是否为"0"，"0"表示"就地"，看到的状态确实是 0"就地"，主站人员就在电话里答复联调人员"遥信6号点就地收到"。

然后联调人员将自动化终端的远方/就地把手打到"远方"位置，第6行的状态从"0"变成"1"，主站人员电话答复"遥信6号点远方收到"。

同理，在做电池活化时，联调人员会报"遥信7号点未动作"，是0状态，然后按下电池活化按钮之后，第7行的状态就会从"0"变成"1"，表示电池活化中。

以此类推，将点表中的所有点号核对一遍，最终目的是：保证主站/子站看到的开关分/合、远方/就地、保护信号动作/复归的信号变化，和联调人员的操作一致，并且速断、过流、零序等保护信号能正常被触发，传到主站来。

2）遥测数值核对。遥信测试核对完成后，单击"实时遥测"界面查看遥测数值，如图7-157所示。

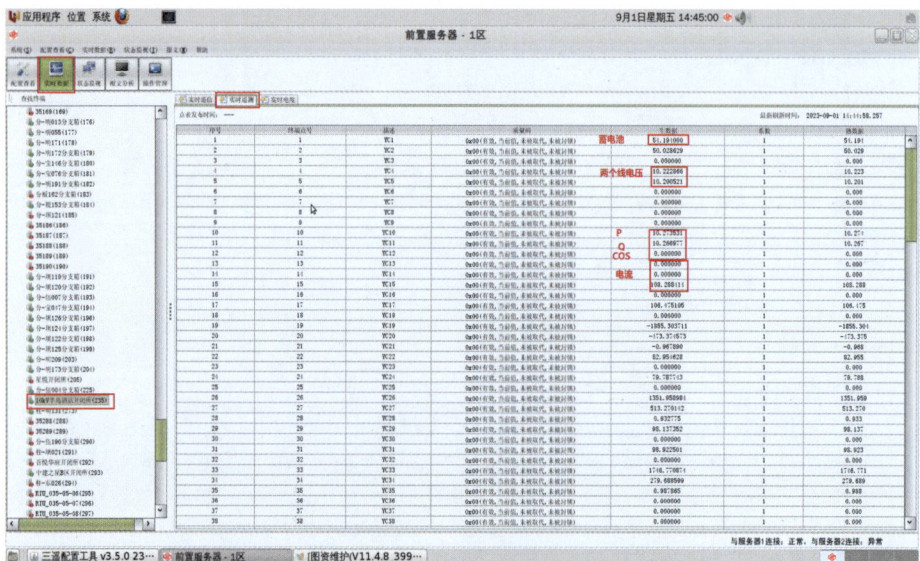

图 7-157 实时遥测数值

在做自动化终端联调时请对照着点表模板查看，方便理解每个点号代表的意义。

联调人员会使用继保仪模拟电流和电压，制造一些数值加量，同样保持电话联系，联调人员会按点表报遥测点号和相应数值，联调人员报"遥测 4 号点线电压 10kV"，主站人员在上图界面查看第 4 行确实是 10 左右，答复"遥测 4 号点加量 10 收到"，联调人员继续报"遥测 10 号点有功 10.27、遥测 11 号无功点 10.26、遥测 12 号点功率因数 0"，主站人员在上图界面看对应的几行数值是否合理。

因为有些数值会一直不停变化，所以估算大致合理即可，允许有适当误差。

以此类推，将点表中的所有遥测核对一遍，最终目的是：保证主站/子站看到的电压、电流以及功率等数值，与自动化终端联调人员模拟的数值一致，避免因人为失误产生的误会，以后调度员看到的电流、电压就是实际 10kV 的负载。

3）线损模块的电量数据核对。实时电度数值如图 7-158 所示，实时电度显示的是具备线损计量装置或线损模块的自动化终端将正向有功功率、日

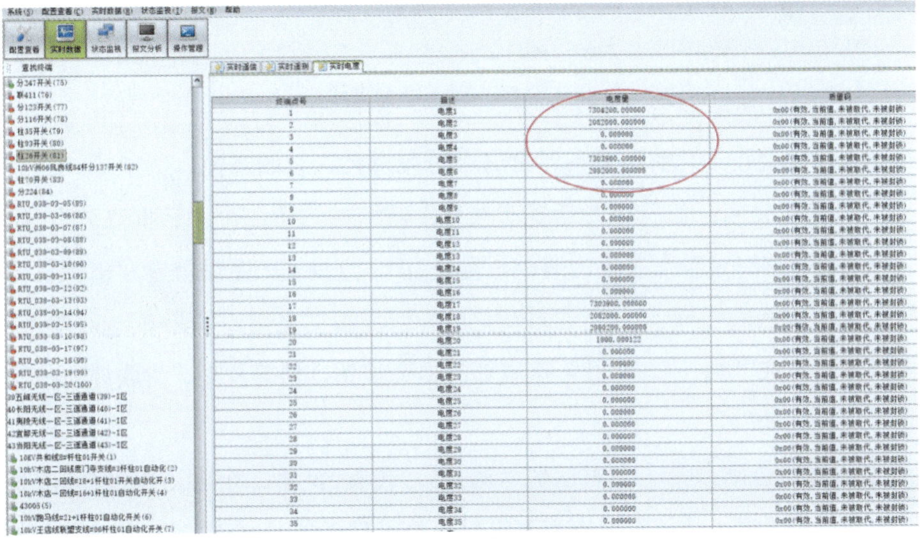

图 7-158　实时电度数值

冻结总电能等电量数据上传给配电自动化主站，主站会同步传给同期线损和省云主站。为近期重要工作，进行联调时注意核对该列是否有数据，在第四步自动化终端绑图模投运、配点表时务必启用遥脉点表。

4）遥控测试。打开"报文分析"界面，单击对应管辖的通道和当前联调的自动化终端，然后勾选底部的"终端调试"，在右侧功能菜单中单击"遥控命令"，如图 7-159 所示，在中间的窗口中填写遥控点号（以点表中的点号为准）。

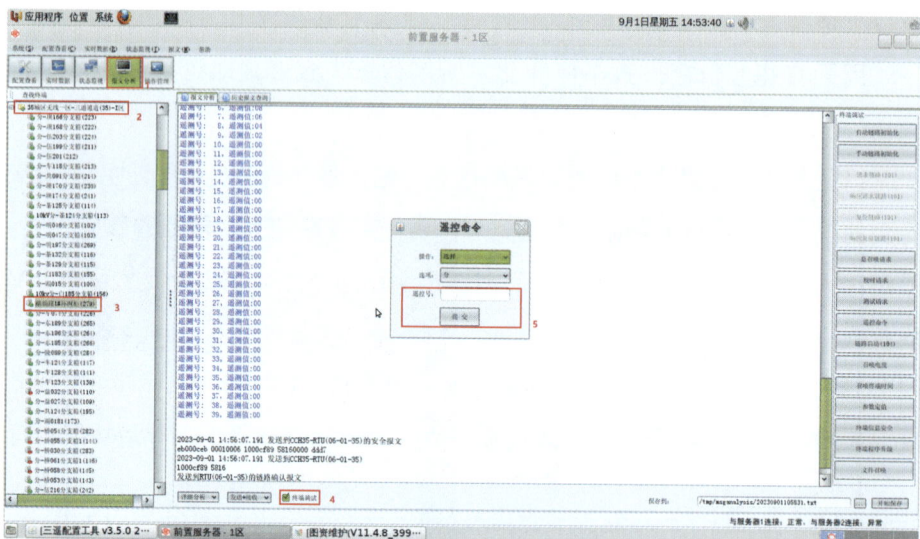

图 7-159　遥控命令操作

仓库联调自动化终端一般是做开关分闸遥控、合闸遥控。

a. 遥控分闸：第一个对话框"选择"（预置），第二个对话框"分"，第三个对话框"1"（看点表里的遥控点号是几），点提交，主站就会发出预置分的报文（黑色），当看到蓝色的自动化终端回应报文之后，如图 7-160 所示，再将操作改成"执行"，然后再点底部的提交按钮，稍等片刻，待联调人员答复"控分成功"。

b. 遥控合闸：第一个对话框"选择"（预置），第二个对话框"合"，第三个对话框"1"（具体看遥控点表里对应的遥控点号），点提交，主站就会发出预置合的报文（黑色），当看到蓝色的自动化终端回应报文之后，再将操作改成"执行"，然后再点一次提交按钮，稍等片刻，待联调人员答复"控合成功"，遥控测试完成。

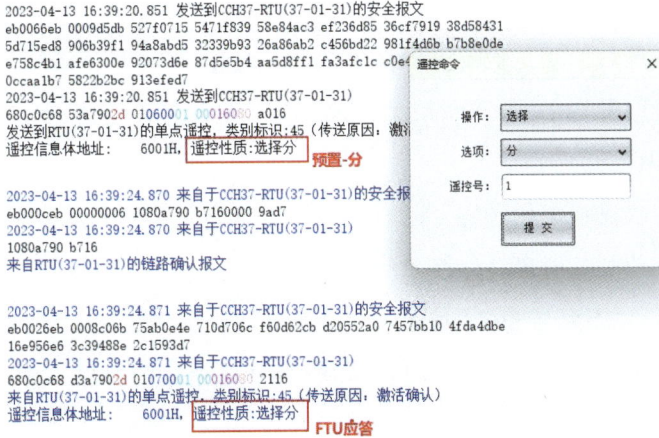

图 7-160　遥控命令报文

（4）远程修改定值测试，如图 7-161 所示。同上，打开"报文分析"界面，单击对应管辖的通道和当前联调的自动化终端。

1）单击报文分析；

2）单击对应的通道；

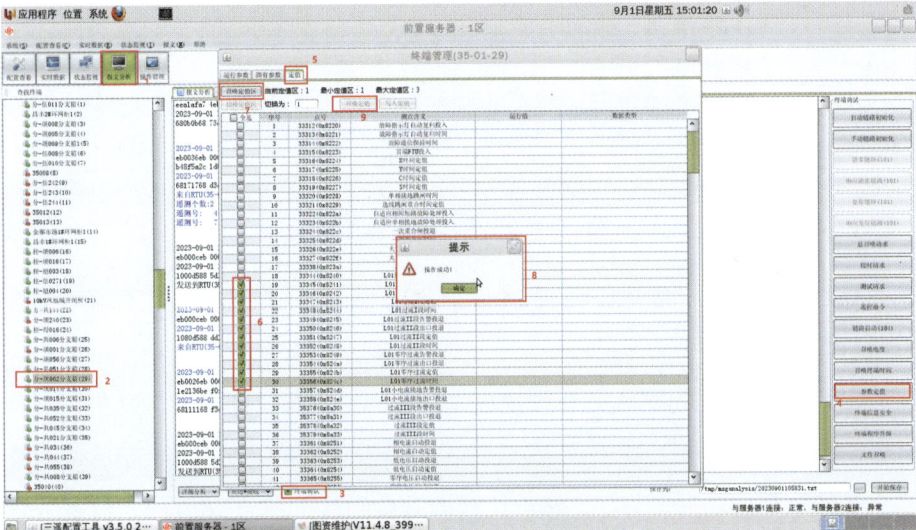

图 7-161　召唤定值操作一

123

3）单击当前要联调的自动化终端；

4）勾选底部的"终端调试"；

5）单击右侧菜单的"参数定值"；

6）选择最右的"定值"页面（无须选择运行参数和固有参数）；

7）勾选序号为 19 到 30 的过流一段、二段、零序等定值（通常用过流一二段定值来做测试）；

8）单击"召唤定值区"；

9）稍等片刻，待自动化终端回应之后就会显示"操作成功"；

10）单击"召唤定值"，稍作等待就会显示"操作成功"，然后在对应的每一行中显示召唤上来的定值数据，如图 7－162 所示；

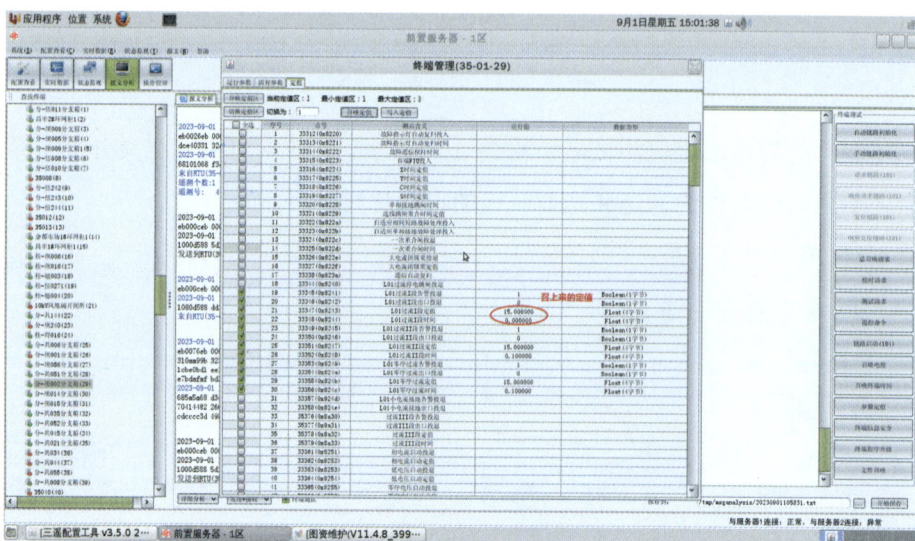

图 7－162　召唤定值操作二

11）双击过流一段定值，将 15 改成 10（测试），然后单击"写入定值"按钮，如图 7－163 所示；

12）先单击"预置"，等待预置成功后再点"执行（固化）"，如图 7－164 所示。

等待执行成功后就好了，然后让联调人员确认主站/子站改的定值是否写入到自动化终端里，确认无误后当前设备即联调完毕。

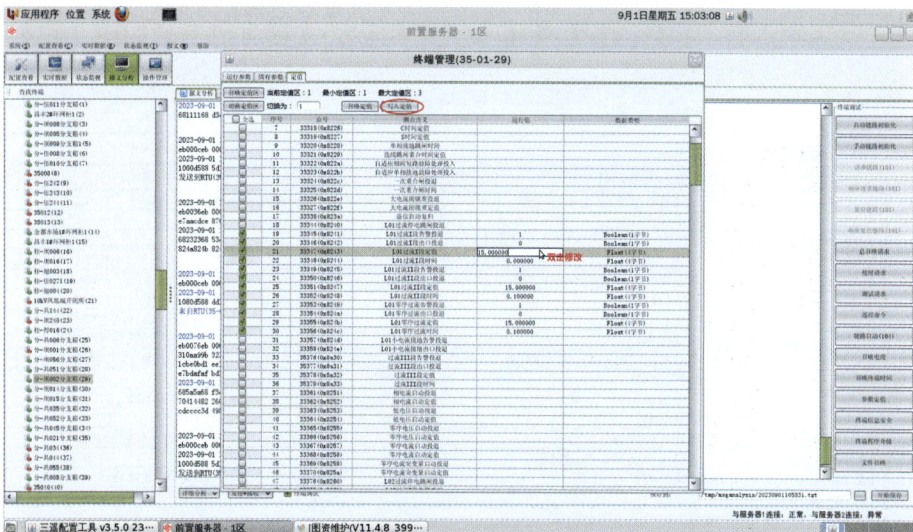

图 7-163　写入定值操作一

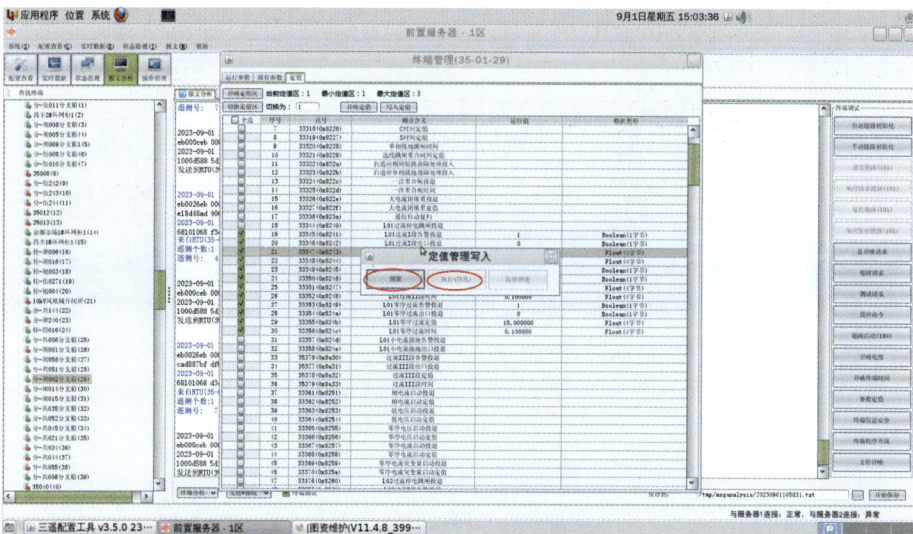

图 7-164　写入定值操二

7.5.4　终端绑定图模投退

1. 确认自动化终端安装位置

仓库联调完成后，通知供电所或施工队领取自动化终端并安装到相应线路，此时一定要记录自动化终端的安装位置，否则无法与图模对应，无法进行后续步骤，将影响投运率和覆盖率指标。终端对应信息如图 7-165 所示。

卡 IP	链路地址	现场线路名称	现场消缺说明
10.4.5.224	9100	10kV山河线2#支线7#杆	10kV山河线石0910
10.4.5.235	9110	10kV向阳线高岭土支线5#、6#杆之间	10kV向阳线丁70401
10.4.5.236	9111	10kV徐家湾6#支线6+1、6+2#杆（原名：10kV茶永线泉水垱4#支线1#杆）	10kV茶永线园1604开关
10.4.5.234	9112	10kV何梁线26+1#杆（原名：10kV何梁线37#杆）	何0401
10.4.5.233	9113	10kV何染线79+1#杆（原名：10kV何染线80#杆）	何0402
10.4.5.232	9102	10kV山河线鸡头山4#支线6#杆到7#杆之间	10kV山河线石0909
10.4.5.229	9107	10kV坪望线14#杆	10kV坪望线丁70603
10.4.5.225	9101	10kV茶麻线，56#	10kV茶麻线园0401开关
10.4.5.228	9108	10kV茶永线53#杆	10kV茶永线园1603开关
10.4.5.226	9104	10kV枝港二回线（01+1#杆01+2#杆）	10kV枝港二回线岭2106开关
10.4.5.230	9106	10kV何栗线26#杆	何0208
10.4.5.237	9109	10kV向阳线21#~22#杆之间	10kV向阳线丁70402
10.4.5.231	9103	10kV何栗线50#杆	何0209
10.4.5.227	9105	10kV茶麻线（123#杆）	10kV茶麻线园0402开关
10.4.13.190	9114	10kV三溪线（7+1#杆。7+2#杆）	坞0403
10.4.13.189	9115	10kV枝城镇45#杆	10kV枝城镇线岭1906开关
10.4.13.188	9116	10kV桥红线3#杆	10kV桥红线鲁70301
10.4.13.187	9117	10kV鲁班桥01线新建线路7#杆	10kV鲁镇线鲁70601
10.4.13.172	9118	10kV石岩线，6#杆	10kV石岩线石0501
10.4.13.173	9119	10kV坪望线，31#杆	10kV坪望线丁70604
10.4.13.174	9120	10kV鄢沱线白岩溪1#杆至2#杆之间（1+1#杆、1+2#杆）（10kV鄢沱线6+1#杆1+2#杆）	10kV鄢沱线红0104
10.4.13.175	9121	10kV机电园线0+1#杆	10kV机电园线红1503
10.4.13.176	9122	10kV桥岗线2#线11#杆	10kV桥岗线曾0607
10.4.13.177	9123	10kV桥岗线74#杆75#更换	10kV桥岗线鲁80401
10.4.13.178	9124	10kV科技园线63#杆	10kV科技园线里1903开关
10.4.13.186	9125	10kV油化线107#杆	中1410开关
10.4.13.179	9126	10kV油化线75#杆	中1409开关
10.4.13.180	9127	10kV油化线26#杆	中1408开关
10.4.13.181	9128	10kV廖家湾线，智家岗1#杆	10kV廖家湾线鲁70505
10.4.13.182	9129	10kV宋山线冲支线4#杆	10kV宋山线宋71005
10.4.13.183	9130	10kV鄢沱线骆家河支线9#杆	10kV鄢沱线红0105
10.4.13.184	9131	10kV中船线10#	10kV中船线曾0501开关

图 7-165　终端对应信息

以柱-学 016 自动化终端投运为例，联调人员在仓库联调完毕后应记录如下信息：链路地址 5036、卡 IP 为 10.4.2.13，这台自动化终端安装在 10kV 学木二回，对应着"柱-学 016"开关。

2. 打开图资维护系统

双击桌面上的"图资维护系统"，输入用户名和密码。红黑图：选"红图"，加载分区：勾选自己管辖范围内的分区（也可选多个分区）。然后点"登录"按钮，如图 7-166 所示。

3. 新建改建计划——选择路线

单击上方的按钮"新建计划"，首先选择"编辑分区"，单击"应用"，如图 7-167 所示。

选择分区后再单击"新建计划"，如图 7-168 所示。

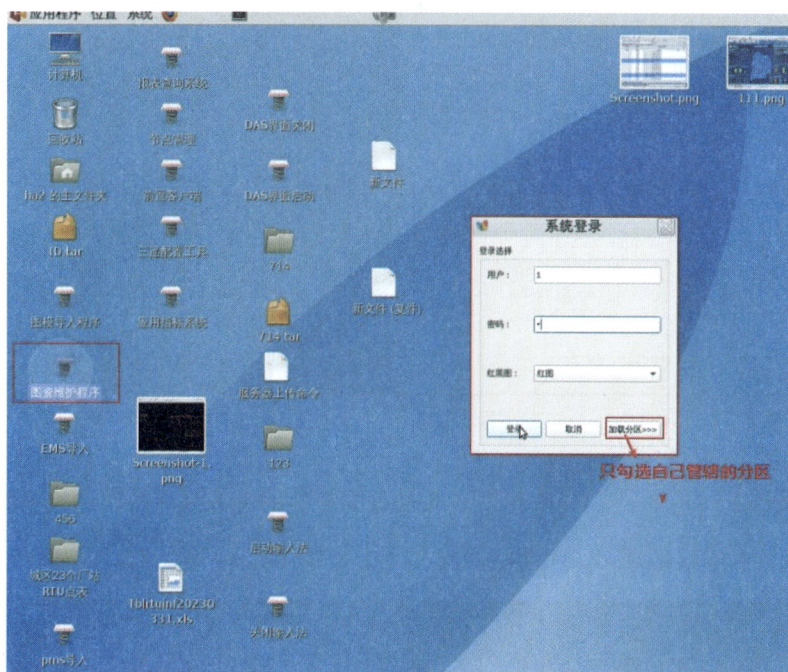

图 7-166 图资系统登录

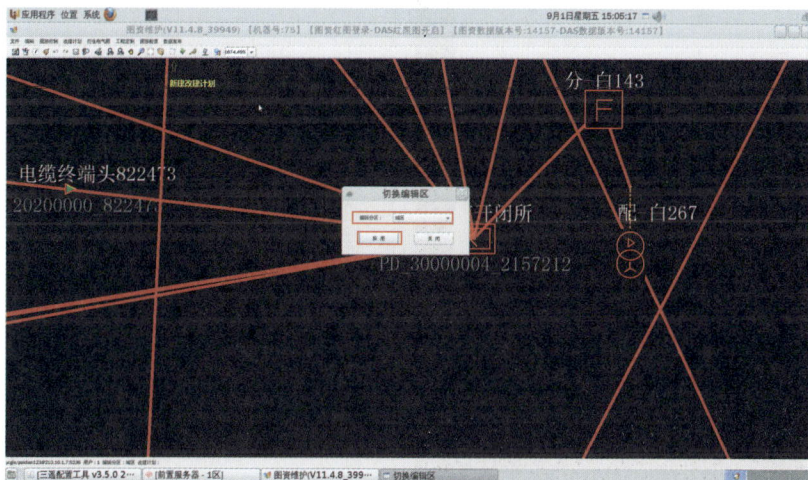

图 7-167 编辑分区

计划名称：要修改的线路名称或者"×××开关投运"；改建说明：开关投运；制图：当前制图人的名字（如果有多人同时操作，方便区分）；计划类型：线路改建计划，单击"保存"。

图 7-168　新建计划

保存之后再双击"修改范围"，单击右侧省略号按钮，并在图 7-169 所示的界面中选择要修改的线路（可以一次选多条线路，但不应超过 10 条）。

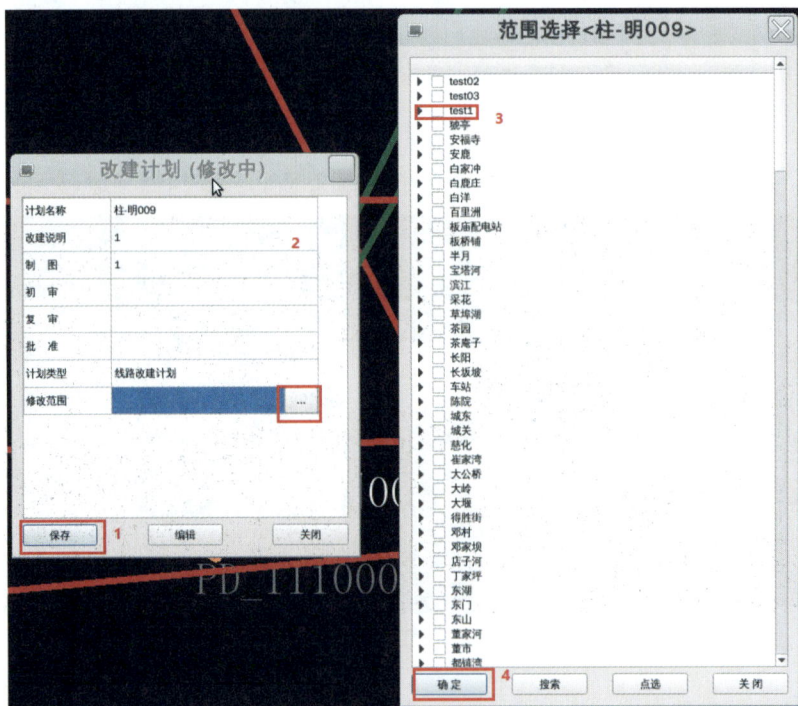

图 7-169　选择修改范围

选择完后点确定，再单击"保存"，单击"编辑"，刚才勾选过的线路会变成绿色，为可修改状态。

4. 搜索对应的开关名称

单击工具栏的第 9 个图标"模糊查询"，在左侧分类选择开合设备 – 断路器，然后输入开关名称，例如"柱 – 明 009"，双击下面的查找结果，开关就会显示在屏幕中央位置，如图 7–170 所示。

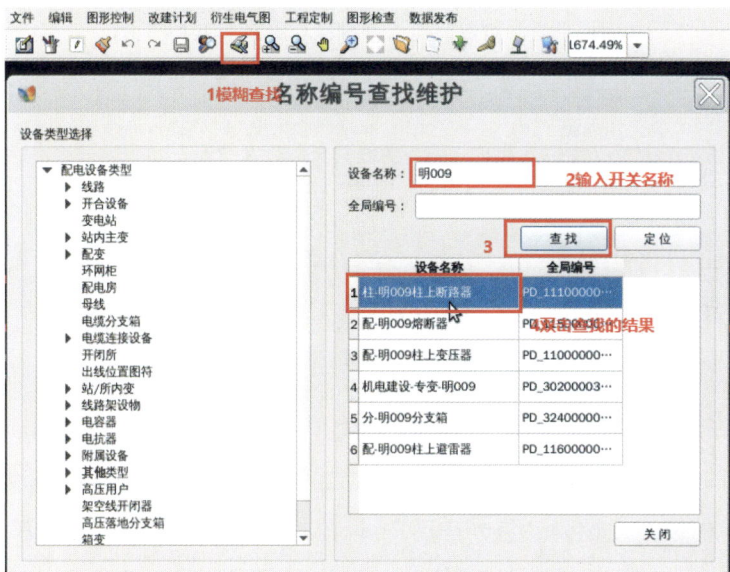

图 7–170　查询开关信息

5. 修改开关属性

若刚才选择修改范围时勾选了这条线，开关就会变成绿色可修改状态，在空白位置单击右键，选择"修改"，如图 7–171 所示。

图 7–171　修改开关属性

鼠标会变成"+"的形状，双击开关即可编辑属性，如图 7–172 所示。

129

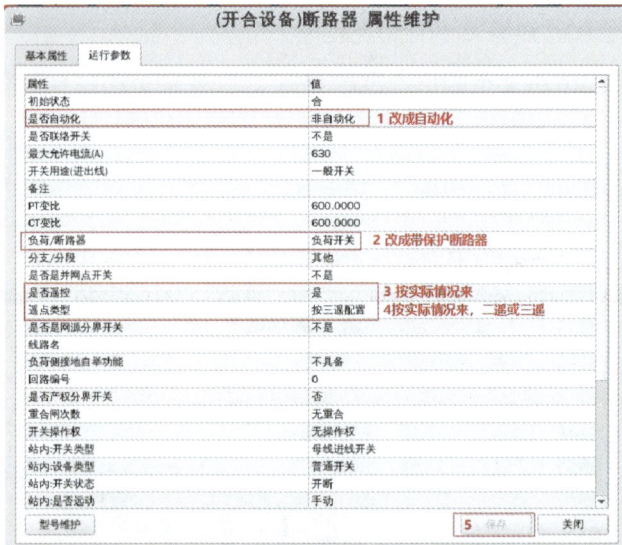

图 7-172　投运属性修改

在运行参数界面，"是否自动化"：改为"自动化"；负荷/断路器：改为"带保护的断路器"；"是否遥控、遥点类型"：按实际情况修改。接入到主站一区通道的都可以设为"是、三遥"，以前接入主站四区通道的则都是二遥。最后单击保存，如图 7-173 所示。

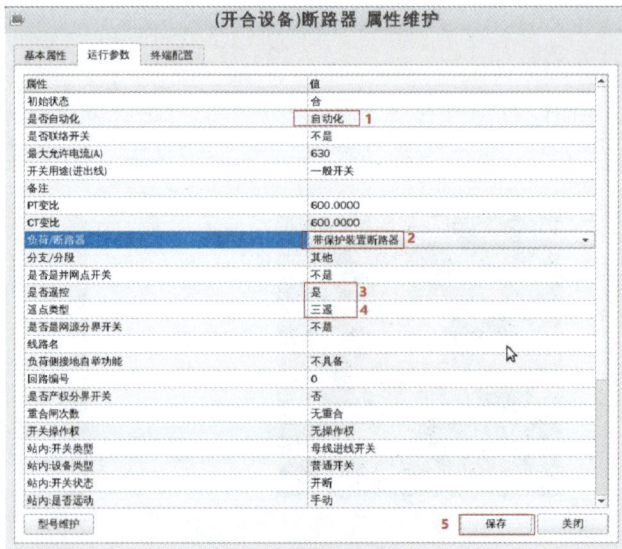

图 7-173　属性修改完成

6. 将"开关"与"自动化终端"关联绑定

保存之后，切换到终端关联配置界面，如图7-174所示。

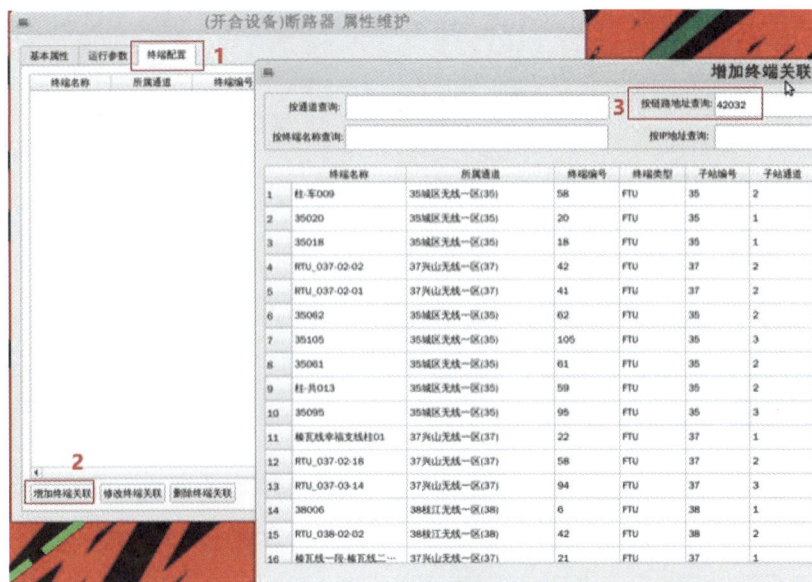

图7-174　终端关联配置

单击左下角的"增加终端管理"，然后在列表中搜索链路地址，如图7-175所示。或搜索卡的IP，搜到"柱-明009"对应的自动化终端后单击，再单击左下角的确定按钮，最后点保存即可。

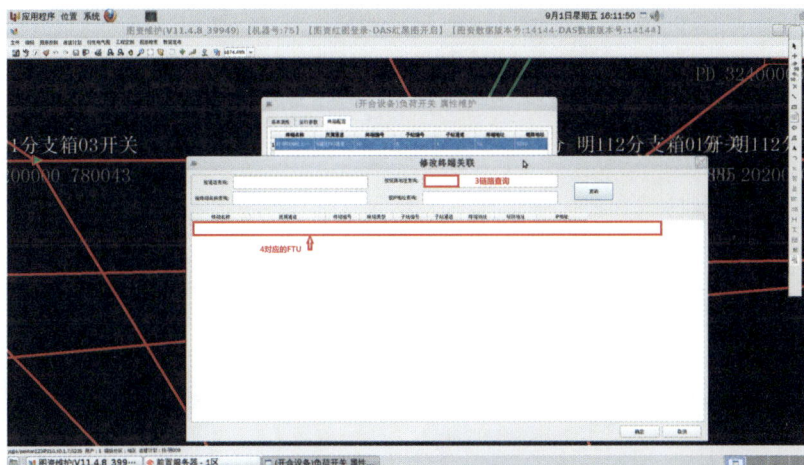

图7-175　链路查询

到此就已经完成"开关图模"与"自动化终端"的绑定操作。如果要退运某台开关，则是进行相反的操作，在终端配置界面选择这台自动化终端，并删除终端管理，然后在运行参数界面将"自动化"改为"非自动化"，如图7-176所示，即完成退运操作。

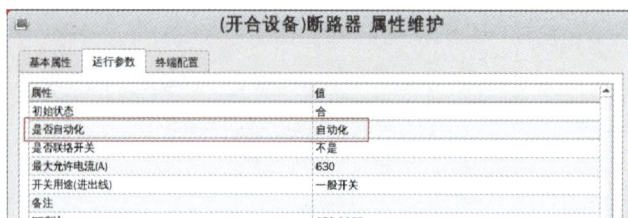

图7-176　退运属性修改

7. 选择点表并开启遥脉

打开三遥配置工具，如图7-177所示，输入用户名和密码。

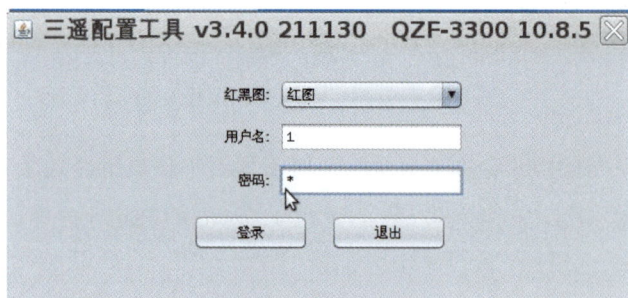

图7-177　三遥配置工具

也可以在图资维护系统中，单击工程定制、三遥维护直接打开，如图7-178所示。

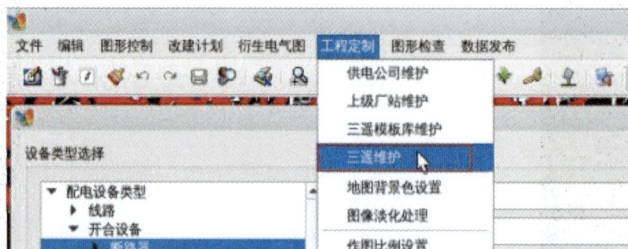

图7-178　三遥维护

选择三遥点号配置界面，如图 7-179 所示。

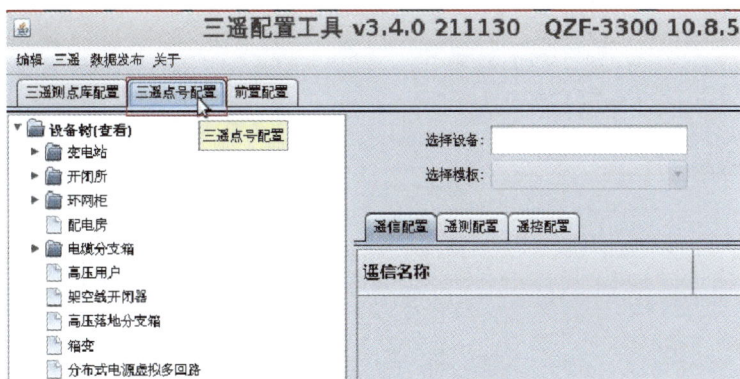

图 7-179 三遥点号配置

选三遥，编辑计划，双击刚才新建的计划，单击"编辑"，如图 7-180 所示。

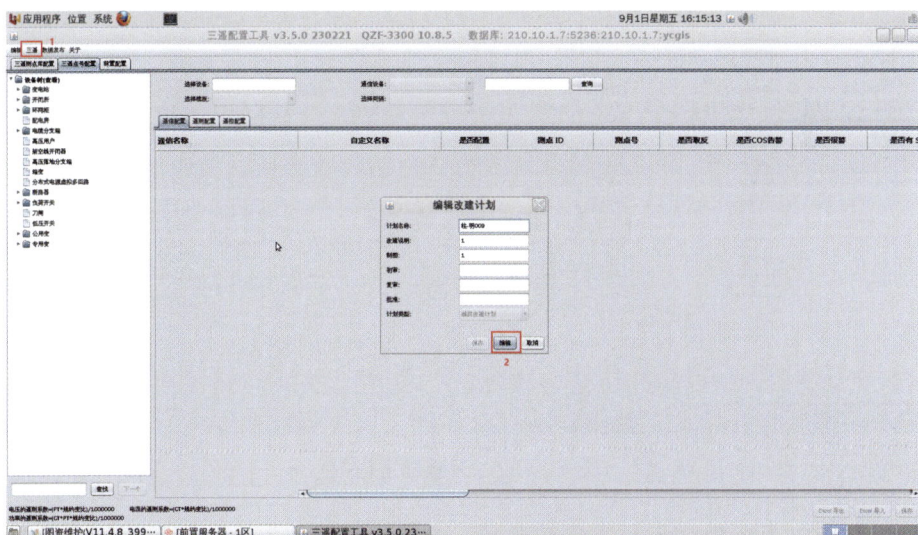

图 7-180 编辑改建计划

在左侧设备列表中断路器该类底下选择要投运的设备，然后单击选择模板，再选择子模板，点表即配置完毕，如图 7-181 所示。

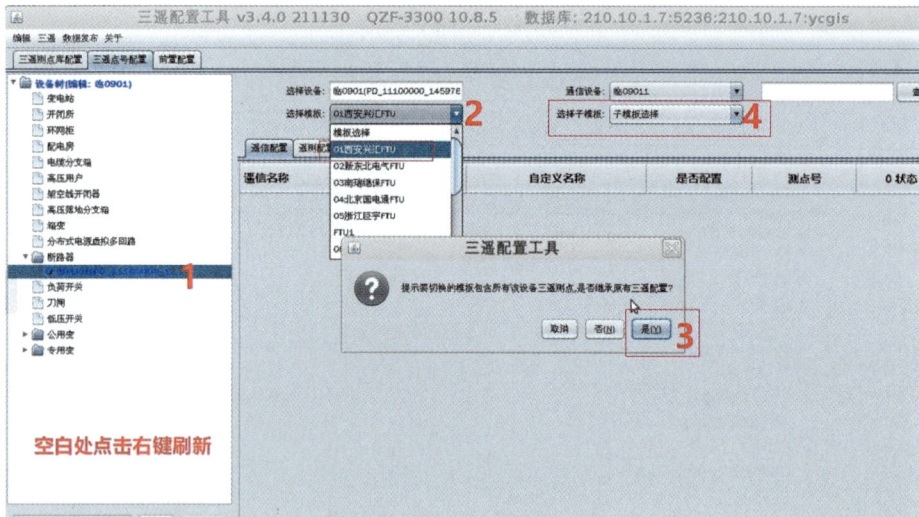

图 7-181　选择模板

选择点表之后的配置模板如图 7-182 所示。

图 7-182　三遥配置模板

　　选择点表模板之后，遥信、遥测、遥控配置自动生成，不用再逐个手动配置。线损模块对应的遥脉点表则需手动启用（遥脉是线损模块的电量数据）先点生成点号、再点提交配置，显示提交成功即可。提交三遥配置如图 7-183 所示。

图 7-183 提交三遥配置

到此，遥信、遥测、遥控、遥脉所有配置已经完成。

8. 数据发布

因为可能有其他操作人员同时发布数据，若选择全数据发布则会将其他人员未完成的计划一起发布，所以一般不要做全数据发布操作，自动化终端投运操作完后单击"退出编辑"即可，如图 7-184 所示。

图 7-184 退出编辑

如果确定主站没有其他人同时操作，则可以自己发布、自己审核，操作如下：

在"图资"中依次单击"数据发布""DAS 数据发布""全数据发布"，如图 7-185 所示。

等待进度条到 100%，然后打开 DAS 系统，如图 7-186 所示。

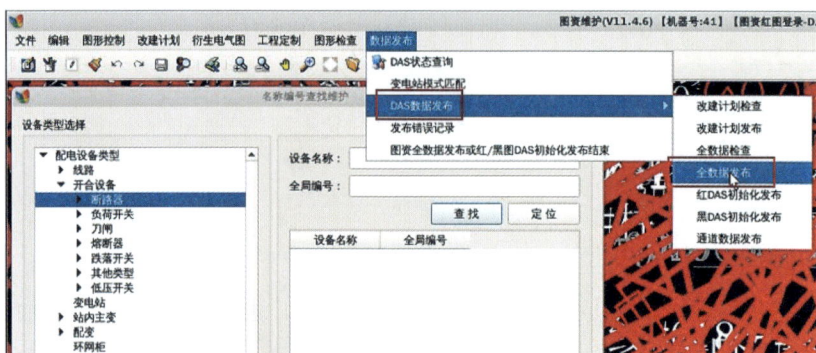

图 7-185　全数据发布

图 7-186　DAS 系统启动

在系统界面中，依次单击"系统应用""数据登录"，如图 7-187 所示。

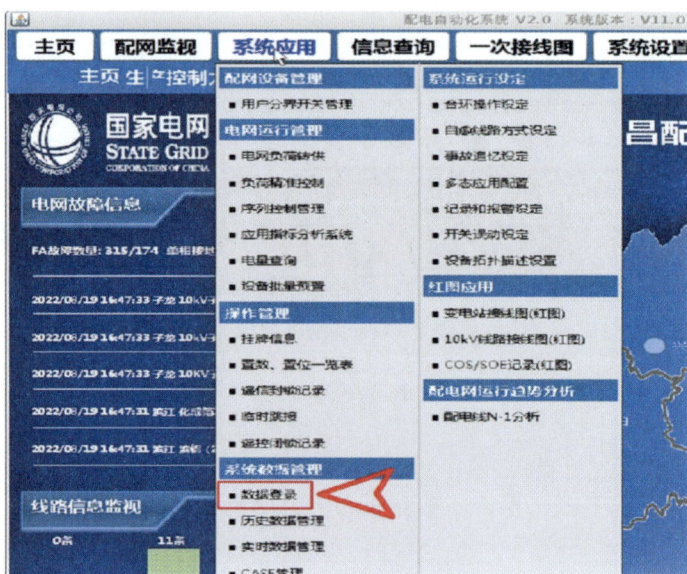

图 7-187　数据登录

选择刚才发布的初始化数据，依次单击红图登录、右键红转黑确认、黑图登录，在该过程中黄色按钮对应显示当前进行的步骤，输入操作员和监护员两个用户名及密码，进行数据登录操作。

等待这一条审核、登录完后，投运的开关就会到达系统最终展示界面，后续会参与投运率、终端在线率等指标的考核，同时在线路跳闸时也能查询到相应告警信息和 FA 信息。

参 考 文 献

[1] 许克朋，熊炜. 配电网自动化系统［M］. 重庆：重庆大学出版社，2007：4－7.

[2] 龚静. 配电网自动化技术［M］. 北京：机械工业出版社，2008：29－35.

[3] 王晓勇. 配电自动化系统中通信网络的规划与组建［D］. 南京：南京邮电大学，2013.

[4] 郭谋发. 配电网自动化技术［M］. 北京：机械工业出版社，2018：10－11.

[5] 王辉. 德州配电自动化系统的设计［D］. 济南：山东大学，2009.

[6] 姚莉娜，张军利，等. 城市中压配电网典型接线方式分析［J］. 电力自动化设备，2006，（7）：26－29.

[7] 孙宽舒. 电力系统电力一次设备状态检修应用研究［D］. 南昌：南昌大学，2020.

[8] 姜建. 智能开闭所综合监控系统的研究［D］. 北京：华北电力大学，2012.

[9] 张坤乾. 环网柜火灾监测系统设计与研究［D］. 安徽：安徽理工大学，2022.

[10] 李国. 10kV 箱式变电站综合自动化装置的研究［D］. 青岛：山东科技大学，2009.

[11] 宋宇. 高压 SF_6 断路器开断过程计算与分析［D］. 沈阳：沈阳工业大学，2018.

[12] 朱飞. 10kV 柱上负荷开关装置的现场应用研究［D］. 上海：上海交通大学，2012.

[13] 陈世扬，罗居卫，等. 一种柱上隔离开关. CN217933584U［P］. 2022－09－01.

[14] 张博. 10kV 喷射式熔断器开断特性研究［D］. 沈阳：沈阳工业大学，2022.

[15] 杜浩东. 配网自动化通信系统的研究［D］. 广州：华南理工大学，2013.

[16] 马锋福. 电气设备远程在线监测的通信方式研究［D］. 北京：北京交通大学，2008.

[17] 曾照新. 配电网馈线自动化技术研究［D］. 长沙：湖南大学，2013.

[18] 张聪聪. 含多 DG 配电网继电保护研究［D］. 兰州：兰州理工大学，2017.

[19] 夏应婷. 配电网自动化主站系统的设计与实现［D］. 上海：华东理工大学，2016.